物种战争 著

倪永明　张昌盛　杨　静　毕海燕　李湘涛　徐景先　李　竹　黄满荣　杨红珍

北京市科学技术
创新团队计划
IG201306N
项目支撑

U0200630

中国社会出版社

国家一级出版社★全国百佳图书出版单位

图书在版编目(CIP)数据

物种战争之双刃剑 / 倪永明等著.
—北京：中国社会出版社，2014.12
（防控外来物种入侵·生态道德教育丛书）
ISBN 978-7-5087-4917-4

Ⅰ.①物… Ⅱ.①倪… Ⅲ.①外来种—侵入种—普及读物 ②生态
环境—环境教育—普及读物 Ⅳ.①Q111.2-49 ②X171.1-49

中国版本图书馆CIP数据核字（2014）第292633号

书　　名：	物种战争之双刃剑		
著　　者：	倪永明 等		
出 版 人：	浦善新		
终 审 人：	李　浩	责任编辑：	侯　钰
策划编辑：	侯　钰	责任校对：	籍红彬
出版发行：	中国社会出版社	邮政编码：	100032
通联方法：	北京市西城区二龙路甲33号		
	编辑部：（010）58124865		
	邮购部：（010）58124848		
	销售部：（010）58124845		
	传　真：（010）58124856		
网　　址：	www.shcbs.com.cn		
	shcbs.mca.gov.cn		
经　　销：	各地新华书店		

中国社会出版社天猫旗舰店

印刷装订：	北京威远印刷有限公司	
开　　本：	170mm×240mm　1/16	
印　　张：	12.75	
字　　数：	200千字	
版　　次：	2015年6月第1版	
印　　次：	2017年4月第2次印刷	
定　　价：	39.00元	

中国社会出版社微信公众号

顾问

万方浩 中国农业科学院植物保护研究所研究员

刘全儒 北京师范大学教授

李振宇 中国科学院植物研究所研究员

杨君兴 中国科学院昆明动物研究所研究员

张润志 中国科学院动物研究所研究员

致谢

防控外来物种入侵的公共生态道德教育系列丛书——《物种战争》得以付梓，我们首先感谢北京市科学技术研究院的各级领导对李湘涛研究员为首席专家的创新团队计划(IG201306N)项目的大力支持。感谢北京自然博物馆的领导和同仁对该项目的执行所提供的帮助和支持。

我们还要特别感谢下列全国各地从事防控外来物种入侵方面的科研、技术和管理工作的专家和老师们，是他们的大力支持和热情帮助使我们的科普创作工作能够顺利完成。

中国科学院动物研究所张春光研究员、张洁副研究员

中国科学院植物研究所汪小全研究员、陈晖研究员、吴慧博士研究生

中国科学院生态研究中心曹垒研究员

中国林业科学研究院森林生态环境与保护研究所王小艺研究员、汪来发研究员

中国农业科学院农业环境与可持续发展研究所环境修复研究室主任张国良研究员

中国农业科学院植物保护研究所张桂芬研究员、周忠实研究员、张礼生研究员、

    王孟卿副研究员、徐进副研究员、刘万学副研究员、王海鸿副研究员

中国农业科学院蔬菜花卉研究所王少丽副研究员

中国农业科学院蜜蜂研究所王强副研究员

中国农业大学农学与生物技术学院高灵旺副教授、刘小侠副教授

国家粮食局科学研究院汪中明助理研究员

中国检验检疫科学研究院食品安全研究所副所长国伟副研究员

中国疾病预防控制中心传染病预防控制所媒介生物控制室主任刘起勇研究员、

    鲁亮博士、刘京利副主任技师、档案室丁凌馆员、微生物形态室黄英助理研究员

中国食品药品检定研究院实验动物质量检测室主任岳秉飞研究员、

    中药标本馆魏爱华主管技师

北京林业大学自然保护学院胡德夫教授、沐先运讲师、李进宇博士研究生、

    纪翔宇硕士研究生

2

北京师范大学生命科学学院张正旺教授、张雁云教授

北京市天坛公园管理处副园长兼主任工程师牛建忠教授级高级工程师、
    李红云高级工程师

北京动物园徐康老师、杜洋工程师

北京海洋馆张晓雁高级工程师

北京市西山试验林场生防中心副主任陈倩高级工程师

北京市门头沟区小龙门林场赵腾飞场长、刘彪工程师

北京市农药检定所常务副所长陈博高级农艺师

北京市植物保护站蔬菜作物科科长王晓青高级农艺师、副科长胡彬高级农艺师

北京市水产科学研究所副所长李文通高级工程师

北京市水产技术推广站副站长张黎高级工程师

北京市疾病预防控制中心阎婷助理研究员

北京市农林科学院植物保护环境保护研究所张帆研究员、虞国跃研究员、
    天敌研究室王彬老师

北京市农业机械监理总站党总支书记江真启高级农艺师

首都师范大学生命科学学院生态学教研室副主任王忠锁副教授

国家海洋局天津海水淡化与综合利用研究所王建艳博士

河北省农林科学院旱作农业研究所研究室主任王玉波助理研究员

河北衡水科技工程学校周永忠老师

山西大学生命科学学院谢映平教授、王旭博士研究生

内蒙古自治区通辽市开发区辽河镇王永副镇长

内蒙古自治区通辽市园林局设计室主任李淑艳高级工程师

内蒙古自治区通辽市科尔沁区林业工作站李宏伟高级工程师

内蒙古民族大学农学院刘贵峰教授、刘玉平副教授

内蒙古农业大学农学院史丽副教授

中国海洋大学海洋生命学院副院长茅云翔教授、隋正红教授、郭立亮博士研究生

中国科学院海洋研究所赵峰助理研究员

山东省农业科学院植物保护研究所郑礼研究员

青岛农业大学农学与植物保护学院教研室主任郑长英教授

南京农业大学植物保护学院院长王源超教授、叶文武讲师、昆虫学系洪晓月教授

扬州大学杜予州教授

上海野生动物园总工程师、副总经理张词祖高级工程师

上海科学技术出版社张斌编辑

致谢

浙江大学生命科学学院生物科学系主任丁平教授、蔡如星教授、
　　农业与生物技术学院蒋明星教授、陆芳博士研究生
浙江省宁波市种植业管理总站许燎原高级农艺师
国家海洋局第三海洋研究所海洋生物与生态实验室林茂研究员
福建农林大学植物保护学院吴珍泉研究员、王竹红副教授、刘启飞讲师
福建省泉州市南益地产园林部门梁智生先生
厦门大学环境与生态学院陈小麟教授、蔡立哲教授、张宜辉副教授、林清贤助理教授
福建省厦门市园林植物园副总工程师陈恒彬高级农艺师、
　　多肉植物研究室主任王成聪高级农艺师
中国科学技术大学生命科学学院沈显生教授
河南科技学院资源与环境学院崔建新副教授
河南省林业科学研究院森林保护研究所所长卢绍辉副研究员
湖南农业大学植物保护学院黄国华教授
中国科学院南海海洋生物标本馆陈志云博士、吴新军老师
深圳市中国科学院仙湖植物园董慧高级工程师、王晓明教授级高级工程师、
　　陈生虎老师、郭萌老师
深圳出入境检验检疫局植检处洪崇高主任科员
蛇口出入境检验检疫局丁伟先生
中山大学生态与进化学院/生物博物馆馆长庞虹教授、张兵兰实验师
广东内伶仃福田国家级自然保护区管理局科研处徐华林处长、黄羽瀚老师
广东省昆虫研究所副所长邹发生研究员、入侵生物防控研究中心主任韩诗畴研究员、
　　白蚁及媒介昆虫研究中心黄珍友高级工程师、标本馆杨平高级工程师、
　　鸟类生态与进化研究中心张强副研究员
广东省林业科学研究院黄焕华研究员
南海出入境检验检疫局实验室主任李凯兵高级农艺师
广东省农业科学院环境园艺研究所徐晔春研究员
中国热带农业科学院环境与植物保护研究所彭正强研究员、符悦冠研究员
广西大学农学院王国全副教授
广西壮族自治区北海市农业局李秀玲高级农艺师
中国科学院昆明动物研究所杨晓君研究员、陈小勇副研究员、
　　昆明动物博物馆杜丽娜助理研究员
中国科学院西双版纳植物园标本馆殷建涛副馆长、文斌工程师
西南大学生命科学学院院长王德寿教授、王志坚教授
塔里木大学植物科学学院熊仁次副教授

4

没有硝烟的**战场**

——《物种战争》序

　　谈起物种战争，人们既熟悉又陌生，它随时随地都可能发生。当你出国通过海关时，倍受关注的就是带没带生物和未曾加工的食品，如水果、鲜肉……。因为许多细菌、病毒、害虫……说不定就是通过生物和食品的带出带入而传播的，一旦传播，将酿成大祸，所以，在国际旅行中是不能随便带生物和食品的。

　　除了人为的传播，在自然界也存在着一条"看不见的战线"，战争的参与者或许是一株平凡得让人视而不见的草木，或许是轻而易举随风飘浮的昆虫，以及肉眼看不见的细菌……它们一旦翻山越岭、远涉重洋在异地他乡集结起来，就会向当地的土著生物、生态系统甚至人类发动进攻，虽然没有硝烟，没有枪声，却无异于一场激烈的战争，同样能造成损伤和死亡，给生物界和人类以致命的打击。正因如此，北京自然博物馆科研人员创作的这套丛书之名便由此而就《物种战争》，既有"地道战""化学武器""时空战""潜伏""反客为主""围追堵截""逐鹿中原"，又有"双刃剑""魔高一尺，道高一丈""螳螂捕蝉，黄雀在后"。可见，物种战争的诸多特点展示得淋漓尽致。

　　我不是学生物的，但从事地质工作，几乎让我走遍世界，没少和生物打交道，没少受到这无影无形物种战争的侵袭：在长白山森林里被"草爬子"咬一次，几年还有后遗症；在大兴安岭，不知被什么虫子叮一下，手臂上红肿长个包，又痛又痒，流水化脓，上什么药也不管用，后来，多亏上海军医大一位搞微生物病理的教授献医，用一种给动物治病的药把我这块脓包治好了。有了这些经历，我深深感到生物侵袭的厉害，更不用说"非典""埃博拉"……是多么让人恐怖了！越是来自远方的物种，侵袭越强。

　　我虽深知物种侵袭的厉害，但对物种战争却知之甚少。起初，作者让我作序，我是不敢接受的。后经朋友鼎力推荐，我想，何不先睹为快呢，既要科普别人，先科普一下自己。不过，我担心自己能不能读懂？能不能感兴趣？打开书稿之后，这种忧虑荡然无存，很快被书的内容和写作形式所吸引。这套丛书不同于一般图书的说教，创作人员并没有把科学知识一股脑地灌输给读者，而是从普通民众日常生活中的身边事说起，很自然地引出每个外来入侵物种的入侵事件，并以此为主线，条分缕析，用通俗的语言和生动的事例，将这些外来物种的起源与分布、主要生物学特征、传播与扩散途径、对土著物种的威胁、造成的危害和损失，以及人类对其进行防控的策略和方法等科学知识娓娓道来。同时，还将公众应对外来物种入侵所应具备的科学思想、科学方法和生态道德融入其中，使公众既能站在高处看待问题，又能实际操作解决问题。对于一些比较难懂的学术概念和名词，则采用"知识点"的形式，简明扼要地予以注释，使丛书的可读性更强。

为了保证丛书的科学性，创作者们没有满足于自己所拥有的专业知识以及所查阅的科学文献，而是深入实际，奔赴全国各地，进行实地考察，向从事防控外来物种入侵第一线的专家、学者和科技人员学习、请教，深入了解外来物种的入侵状况，造成的危害，以及人们采取的防控措施，从实践中获得真知。

这套丛书的另一个特点是图片、插图非常丰富，其篇幅超过了全书的1/2，且绝大多数是创作者实地拍摄或亲手制作的。这些图片与行文关系密切，相互依存，相互映照，生动有趣，画龙点睛，真正做到了图文并茂，让读者能够在轻松愉悦中长知识，潜移默化地受教育。

随着国际贸易的不断扩大和全球经济一体化的迅速发展，外来物种入侵问题日益加剧，严重威胁世界各国的生态安全、经济安全和人类生命健康；我国更是遭受外来物种入侵非常严重的国家，由外来物种入侵引发的灾难性后果已经屡见不鲜，且呈现出传入的种类和数量增多、频率加快、蔓延范围扩大、发生危害加剧、经济损失加重的趋势。这就要求人们从自身做起，将个人行为与全社会的公众生态利益结合起来，加强公共生态道德教育，提高全社会的防范意识和警觉性，将入侵物种堵截在国门之外。

如今，物种战争已经打响，《孙子兵法》说："多算胜，少算不胜，而况于无算乎！"愿广大民众掌握《物种战争》所赋予的科学武器，赢得抵御外来物种侵袭战争的胜利。

中国科学院院士
中国科普作家协会理事长

2014年10月于北京

目录

引言

单刃为刀,双刃为剑。江湖传言:百日练刀,千日练剑。由此可知,剑虽然是上等兵器,但却极难驾驭。剑有双刃,代表着它有两面性:既可以伤到敌人,又可能伤到自己。因此,使用时稍有不慎,局面就有可能会被逆转。比如引进鳙鱼,就要考虑鳙鱼与其他鱼类生态位的错开,否则就是搬起石头砸自己的脚,得不偿失。如果控制得好,生态位合理错开,就能获得很好的收益。得失之间,犹如一把双刃剑,看你如何驾驭。

水葫芦

Eichhornia crassipes (Mart.) Solms

在我国，各地剿灭水葫芦的战役一般都不是一个部门在战斗，而往往是当地政府联合水利、交通、财政、建设、农业、科技、畜牧、环保等相关部门一起来完成，不同地方政府之间的协同作战也是必不可少的。更重要的是，各级政府都要重视加强对公民的环保教育，提高对外来物种入侵的防控意识。

《富春山居图》邮票

横行世界的恶魔

　　提到富春江，人们马上就会想到元朝画家黄公望所绘的名画《富春山居图》。这幅长卷布局疏密有致，变幻无穷，笔墨清润，意境悠远，把富春江两岸初秋的秀丽景色表现得淋漓尽致。

　　1350年，黄公望将《富春山居图》题款送给了它的第一位藏主——无用师。之后，这幅画便从此开始了它在人世间600多年的坎坷历程。历代书画家、收藏家、鉴赏家，乃至封建帝王权贵都对《富春山居图》推崇备至，并以能亲眼目睹这件真迹为荣。明朝末年，收藏家吴洪裕极为喜爱此画，甚至在临死前下令将此画焚烧殉葬，

台北故宫博物院

浙江省博物馆

幸被其侄子从火中抢救出来，但此画已被烧成一大一小两段，前段较小，称为《剩山图》，现收藏于浙江省博物馆；后段较长，称为《无用师卷》，现藏于台北故宫博物院。2011年6月，《剩山图》和《无用师卷》同时在台北展出，表达了海内外炎黄子孙翘首企盼祖国统一，盼望宝图早日珠联璧合的美好愿望。

　　黄公望一生遍游名山大川，却独钟情于富春山水，并于晚年结庐定居在富春江畔。他的名字已经与富春江紧密地联结在一起：富春江是造就他成为一代大师的摇篮，而他也为美丽的富春江增添了夺目的光彩。

　　的确，富春江两岸山色青翠秀丽，江水清碧见底，自古就受到人们的推崇与赞叹。江边一片古朴的建筑，就是严子陵钓台，相传是东汉高士严光(字子陵)拒绝了光武帝刘秀所授的"谏议大夫"之官位，来此隐居垂钓之地。他甘愿贫苦、淡泊名利，一直为后世所景仰。20世纪50年代，毛泽东主席赠给柳亚子先生的诗中有"莫道昆明池水浅，观鱼胜过富春江"之句，更使富春江成为妇孺皆知的胜地。

刘秀

3

然而，从1994年开始，以水色佳美著称的富春江景色却遭到了严重的破坏。每年9月份，富春江经常被密密麻麻的、绵延约半千米的水葫芦所围困。这种水生植物大片大片地连在一起，放眼望去，

富春江流域的千岛湖风景区

水面俨然是一片看不到边的绿色草地,有些地方的厚度居然达到40～50厘米。

　　为了保护富春江的水质,以及正常的航运和水力发电,当地政

府不得不雇用船只，把水葫芦尽量聚集在一起，推到岸边，然后由固定在岸边的吊车把水葫芦打捞到大卡车上，再运送到几千米外的山沟里进行掩埋。

但是，仍有大量的水葫芦不时地从富春江上游漂下来，可能今天打捞干净了，过了一晚，江面上又漂满了一层，致使每天的打捞量都在几十吨，甚至100多吨！通常要到翌年春节前后，打捞水葫芦的工作才算告一段落。

受到水葫芦骚扰的，还有昆明号称"五百里滇池"的母亲湖。如果你在昆明与出租车司机或者普通市民聊天，一旦提起草海（滇池内海）的水葫芦污染，他们的第一个表情就像是闻到当年的臭气一样难堪。当时草海开通了一条旅游航线，但整个草海密密麻麻全是水葫芦，船根本无法开动。那时候，在草海中除了水葫芦外，几乎没有其他水生植物可以生长，而遮天蔽日的水葫芦也使湖内的鱼、虾等水生动物难以成活。水葫芦的根全部烂在草海里，湖水发黑，臭气熏天。

为了保护富春江的水质，以及正常的航运和水力发电，当地政府不得不雇用船只，把水葫芦尽量聚集在一起，推到岸边，然后由固定在岸边的吊车把水葫芦打捞到大卡车上，再运送到几千米外的山沟里进行掩埋

水葫芦的花

　　水葫芦*Eichhornia crassipes*（Mart.）Solms也叫凤眼莲，是隶属于单子叶植物纲百合目雨久花科凤眼莲属的多年生宿根浮水草本植物，原产于南美洲的亚马孙河流域，常生于水库、湖泊、池塘、沟渠、流速缓慢的河道、沼泽地和稻田中。

　　19世纪60年代，美国人首先从南美洲引进了水葫芦，作为园林池塘中的观赏植物。到了19世纪末，水葫芦已经给美国很多河流带来了巨大的生态灾难，并从此开始了它向全世界扩张的脚步，最终成为世界上危害最为严重的10大恶性杂草之一。

7

水葫芦　　水葫芦的花

世界各地对水葫芦的危害无不感到十分恐惧。例如，孟加拉国将引自德国的水葫芦称为"德国恶草"，南非将引自美国佛罗里达州的水葫芦称为"佛罗里达恶魔"，斯里兰卡、印度则将引自日本的水葫芦分别称为"日本烦恼""紫色恶魔"。

我国的水葫芦也是引自日本的。1901年，它作为观赏植物首次来到我国台湾。到了20世纪50～60年代，由于当时粮食紧缺，而水葫芦本身含有一定的植物蛋白，于是被用作家畜，尤其是猪的饲料使用，人们对它进行了大面积的推广。后来，人工饲料在养猪业的使用已经很

猪

水葫芦的"葫芦"

水葫芦的根

普遍，而水葫芦所含的植物蛋白太少，告别了粮食短缺的农民就不再费力去打捞水葫芦喂猪了。

这时，水葫芦的另外一项功能却被人们所关注，这就是它能起到净化水体的作用。因此，水葫芦又被作为美化环境、净化水质的植物而推广种植。由于水葫芦不是我国的土著植物，没有经历当地生态系统长期物种进化的过程，所以几乎没有竞争对手和天敌，再加上繁殖能力旺盛，它在我国南方江河湖泊中发展迅速，终于在20世纪80年代以后，成为我国淡水水体中主要的外来入侵物种之一。

实际上，上面说到的富春江、滇池草海所发生的生态灾难，仅仅是我国南方水葫芦作恶的两个具体事例。近年来，水葫芦在华北、华东、华中、华南和西南等地迅速扩展蔓延，已大面积覆盖很多河道和湖泊水面，其中包括许多用于交通、商业、电力、灌溉和娱乐等方面的

泛滥成灾的水葫芦

水体，带来严重的生态、经济和社会危害。目前，我国每年因水葫芦造成的经济损失接近100亿元，其中光是打捞费用就达5亿～10亿元。

在广州，密密麻麻的水葫芦（当地人称它为"水浮莲"）几乎在一夜之间涌进了珠江，把江面铺得如草地一般，正是"忽如一夜暴雨至，绿色葫芦堆满江"。

在武汉，长江江面上长达数十千米的水葫芦带首尾相连，缓缓移动，站在岸上已经完全看不清江面上的航标灯，人们惊呼：这真是"一江葫芦向东流"呀！

在福建闽江下游，水葫芦的突然袭击使利用江面进行淡水养殖的鱼排全部被围，成批的死鱼看上去白花花一片。而养殖户的船只却被水葫芦阻挡，没法靠近，急得他们全身发抖……

在重庆，涂山湖百亩水面在短短一个多月时间内，就被疯狂滋生的水葫芦所覆盖，水体变臭的气味很远都能闻到。

在湖南，浏阳河流域水葫芦泛滥成灾，几乎铺满整个河面，一些腐烂的根叶散发出阵阵恶臭，大煞风景。

在深圳，位于凤凰山风景区山脚下的屋山水库被水葫芦"吃掉"了一半以上的面积，负责为辖区几十万人口提供饮用水的水源受到了严重威胁。

在上海，暴发的水葫芦影响了流经市内繁华商业区和旅游风景区的黄浦江、苏州河等主要河流的河道景观和水上运输，严重损害了这个国际大都市的形象。

上海黄浦江

11

河道里的水葫芦

　　水葫芦在我国南方的肆虐，是人们"引狼入室"结出的恶果。工农业生产导致的江河湖泊水质恶化，以及生活排泄物造成的水质富营养化，更加速了水葫芦的迅速蔓延，最终出现了今天几乎不可收拾的局面。水葫芦的入侵不仅对各地的生态系统造成了严重的危害，同时也带来了经济、社会等诸多方面的问题。

　　水葫芦对生态环境所造成的危害是巨大的，从水体到水表，从夺氧到夺光，再通过竞争、抑制以及毒杀等多方面、多层次地表现出来。泛滥成灾的水葫芦，首先形成局部单一、致密的种群，对其生活的水面采取了野蛮的封锁策略，像一张大厚毯子一样，挡住阳光，使得水体中腐殖质增加，pH值下降，水体颜色发生改变。致密的草垫使得水流速度下降，河底没有降解的植物碎屑增加，它们逐渐在水体中淤积，最终导致河床抬升。水体物理因子的改变，特别是水下植物因得不到足够的光照而死亡，又破坏了水下动物的食物链，导致水体动物多样性的下降，最后造成生态失衡。

　　水葫芦对水产养殖也造成了很大危害。它改变了水域本身的水氧环境，使水体富营养化，水中的溶氧量减少，导致鱼、虾等水产品窒息而死亡。

大量暴发的水葫芦堵塞河道，影响航运和水上交通。聚集在岸边的水葫芦很容易把趸船的锚链缠住，也很容易被绞到行驶船只的螺旋桨内，还会缠住和遮挡航标，给停泊的趸船和水面上的行船带来不安全因素。

如果不及时打捞上岸，水葫芦的根叶会迅速腐烂，容易造成水质恶化。它能够吸附重金属等有毒物质，死亡后沉入水底，构成对水质的二次污染，使水资源的利用价值大大降低。水葫芦还危及自来水厂的安全生产，水泵吸入水葫芦将造成滤池堵塞，导致水厂停产，对城乡饮用水的正常供应构成威胁。

水葫芦的泛滥也为血吸虫病和脑炎等疾病的流行提供了便利条件。在它的根部曾发现有大量霍乱菌存在，这些病菌可以通过饮用水或食物链危害人体健康。

此外，水葫芦还能淤塞下水道、阻碍排灌、影响水库和水力发电设施的安全等，对工农业生产以及旅游业等都会造成重大的经济损失。

池塘里的水葫芦

13

水葫芦的穗状花序

14

强大的入侵能力

水葫芦作为一种外来物种，为何在短短一百多年的时间里，遍布世界五大洲，并且给大多数国家和地区造成了严重的危害呢？这首先要"归功"于其自身所具有的、也是外来入侵物种所必须具备的生物学特性。

水葫芦是一种水生的草本植物，通常可自由漂流，能随水流漂到很远的地方。但它也是有根的，而且具有许多纤维状的须根，丛生于茎的基部，新根为蓝紫色，有的为白色，老根则变成紫黑色。这些须根一般悬垂于水中，可伸到水下1米或更深的地方。人们容易看到的是它的叶子，称为基生叶，通常为广肾形或心形，微弯，呈波浪状，簇生于极度缩短的茎上。成熟的植株一般具有6~7个叶片，深绿色而有光泽，叶肉肥厚，柔嫩多汁，表面具有蜡质，一般很难在水中迅速分解。叶柄的中部膨大如葫芦状，这也是它名字的由来。"葫芦"里面主要为海绵组织，贮有很多空气，所以才能使整个植株漂浮在水面上。

水葫芦的花为穗状花序，由6~10朵漏斗状的小花组成，花大而美丽，呈蓝紫色，所以它最早是以"观赏植物"的身份被人们引种栽培的。每一朵漏斗状的小花都有6个花瓣，最上面一片花瓣稍大，中心生有一个鲜亮的黄色斑点，宛如凤眼。整株花序大约产生300~500粒种子，种子极小，呈枣核状，黄褐色。

水葫芦的第一个入侵性特质，就是它有很强的"见风使舵"的本领，即表型可塑性。在不同的环境或者水体中，它的叶片、叶柄、植株乃至整个群体的形态和结构都可以随着环境的变化作适当调节。例如，它的侧根在磷浓度较低的条件下，其长度会明显增加，根部生物量也明显增加，而大量侧根的生长可以很好地满足植株生长对磷的需求。

水葫芦叶柄的海绵状内部结构

15

水葫芦

　　水葫芦还具有很强的环境胁迫耐受性,无论在光照、温度、无机碳、盐分、水文、营养等方面,对恶劣的环境条件均具有广泛的耐受范围。而且,它能够吸收水体中的重金属离子,却不受其毒害。

　　繁殖力强是水葫芦的第二个入侵性特质。它通常以无性繁殖为主,以匍匐茎进行增殖,即从缩短的茎基部叶腋中横向生出匍匐枝,当匍匐枝长到一定长度后,前端的芽逐渐分化,长出叶片,形成新的分株。匍匐茎不断伸长,最终可使子株远离母株50厘米以上。在水生环境中,无性繁殖具有很多优势,特别是繁殖的速度极快,在5天内就可以通过匍匐茎产生一代新植株。

　　虽然水葫芦的暴发主要是靠无性繁殖,但是它的有性繁殖也具有很多植物成功入侵的优点。当它的根接触到河底淤泥时,水葫芦就可以进行有性繁殖了。它的花期长,在整个生长季节都可以开花,果实成熟后在水面开裂,成熟种子散落水中。平均每朵花可产生300～500粒种子,种子较小,可以随水漂流到很远的地方,并沉入淤泥。种子具有极强的生命力,即便是河水干涸,仍可存活15年。当环境适宜时,种子就开始萌发。它将根伸入水底基质中,随后形成4～5片线状叶,长出的叶片具有大量通气组织,当具有充足浮力的时候,幼苗便脱离初生的主根漂浮在水面上。

母亲河保卫战

面对来势汹汹的水葫芦，我国南方各地纷纷开展打捞大会战，一场"多兵种"联手的母亲河保护战在所有水葫芦入侵的地方打响。

同对付其他外来入侵植物一样，对水葫芦的防治也主要是采用人工及机械打捞、化学防治、生物防治和综合治理等方法。不过，每种方式都有它们本身的局限性。

打捞，是目前治理水葫芦最为常见的手段，主要包括人工和机械打捞，以及在河流内设置栅栏防止水葫芦漂移等方法。虽然水葫芦含水量大，人工打捞十分困难，但在一些小池塘或小河流中，人工打捞仍然不失为一种有效的控制方法。不过，在水葫芦暴发严重的大型河流或湖泊内，就可以请"机器人"来帮忙了。

"机器人"通常为特制或改装的水上打捞船。船体比较宽，船头中间有一个铲斗，随着船的行进，水葫芦通过铲斗进入船体，并且被打碎、包装，效率较高。但是，对于水葫芦来说，常常有这样的情况，就是无论是人工打捞还是机械打捞，都远跟不上它疯长的速度。例如，广州市有关部门加班加点在珠江上清

知识点

无性繁殖

无性繁殖是指生物体不通过繁殖细胞的结合，也就是不经由减数分裂来产生配子，而直接由母体细胞分裂后产生出新个体的繁殖方式，主要分为孢子繁殖、分裂繁殖、出芽繁殖、断裂繁殖和营养器官繁殖等。这种繁殖的速度通常都较有性繁殖快很多，而且具有缩短生长周期，保留母本优良性状的特点。但是，采用这种繁殖方式的生物也常常会因为其后代无法适应新环境而灭绝，这也是无性繁殖的缺点之一。

克隆也是无性繁殖，它是英文"clone"的音译，而这个英文单词又起源于希腊文"Klone"，原意是指以幼苗或嫩枝插条等无性繁殖的方式培育植物，现在则通常是指利用生物技术在个体、细胞、基因等不同水平上产生无性增殖物的过程。

在公园内人工清理水葫芦

理水葫芦,在高峰时一天打捞的水葫芦多达500吨!但是,按照一株水葫芦在一个生长周期90天即可繁殖25万株的速度,要彻底剿杀它谈何容易!

在与水葫芦长期作战的过程中,我国各地也总结出了一些事半功倍的方法,如采用"河道分类管理""春夏两次分步打捞""U字形浮式拦草坝""塑料浮筒拦草网"等技术设施,可使打捞效率提高10至20倍;根据水葫芦"冬枯夏盛"的特点,在每年3至4月水葫芦的繁殖初期及时清理,也可以大量减少其母株的数量。

面对打捞上来的大量水葫芦,处理起来也是一个难题,无论是填埋,还是其他处理方法,不是成本很高,就是不能很好地抑制水葫芦的生长。因此,我国各地剿灭水葫芦的战役一般都不是一个部门在战斗,而往往是当地政府联合水利、交通、财政、建设、农业、科技、畜牧、环保等相关部门一起来完成。此外,不同地方政府之间的协同作战也是必不可少的。例如,控制水葫芦需要对整个流域系统进行宏观调控,协调上游和下游之间的河流管理,特别是注重对源头的控制,尽量避免水葫芦的漂移。河网密布、网箱养鱼、河道堵塞都是造成水葫芦定期暴发的重要原因,保持主干河流和航运河流的通畅可以在一定程度上降低水葫芦的定居。对于村镇附近的小河流、农田、沟渠,需要定期清理,减少水体内的大型挺水植物。更重要的是,各级政府都应重视加强对公民的相关教育,使他们了解水葫芦入侵的危害,提

河蟹也是水葫芦的天敌

高对外来物种入侵的防控意识。

　　寻找水葫芦天敌的工作也一直在进行中。目前,在世界上已经发现了超过70种取食水葫芦的节肢动物,包括螨虫、河蟹等。在非洲刚果河中,人们甚至还请来了体形庞大的、有"水下割草机"之称的海牛来帮忙。不过,在天敌的选择过程中,昆虫由于体形小、易于培养和研究而被特别重视。目前,生物防治中应用得最多的昆虫是水葫芦象甲。

海牛

　　水葫芦象甲隶属于鞘翅目象甲科,是水葫芦的"老乡",其原产地也在南美洲。它对水葫芦有较强的专食性,幼虫和成虫的取食、寄生范围仅限于水葫芦植株,也只能在水葫芦上完成其生长发育过程,而对我国的各种主要农作物如水稻、麦子、豆类、蔬菜以及其他土著水生植物等,均不取食、不寄生、不产卵,因此它是一种对各种农作物均有较高安全性的、可用于水葫芦生物防治的天敌昆虫。它自20世纪70年代起已先后在美国、澳大利亚、泰国和我国南方的一些地方释放,并很快定殖,发挥了关键作用。

　　水葫芦象甲的成虫可大量取食水葫芦叶片的正面叶肉、叶柄上部、匍匐枝与花柄表面,形成大量取食斑与伤口,造成其光合面积减少,使植株发育迟缓,叶柄变细,叶片变小。成虫一般产卵于水葫芦植株离水面10~20厘米高的叶柄上和匍匐枝上,并留下针头状产卵孔,一个叶柄上可出现多个产卵孔,每孔产

人工释放水葫芦象甲可以达到控制水葫芦群体发展的目的

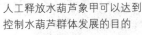

水葫芦

滇池曾经遭受水葫芦侵袭

卵1～6粒。其幼虫就寄生于叶柄和匍匐枝海绵组织内,随虫龄增加不断向下取食,形成寄生的虫道,于4龄期到达叶柄基部后钻出叶柄,并在植株根表面纠集根毛化蛹。由于叶柄基部和匍匐枝内部被水葫芦象甲所寄生,当幼虫密度高时,同一叶柄可寄生多头幼虫,形成多条虫道。这些产卵孔和寄生通道都会进水,造成植株腐烂,使水葫芦植株的无性繁殖能力大大降低,甚至停止产生分枝,不能繁殖,从而达到控制水葫芦群体发展的目的。水葫芦象甲的高龄幼虫对水葫芦的控制作用明显大于成虫和低龄幼虫,并且对水葫芦的控制作用随其群体量的增加而逐步提高。

对于水葫芦进行转化利用,不失为一个经济实用的手段。遗憾的是,目前在将其制成草席、家具、食品、纸张以及胶黏剂等产品的过程中,大多数技术尚未成熟,要真正实现大批量生产,还需要做大量的工作。

于是,许多人还是想到了水葫芦的一个最“有益”的功能,就是在净化水质方面所发挥的积极作用。

曾经饱受水葫芦肆虐之苦的滇池,甘冒巨大风险,正酝酿重新大规模引进水葫芦这种最危险的外来入侵物种,试图以这剂“猛药”来迅速改变滇池水体污染的现状。

在昆明人的记忆中,水葫芦是污染滇池的"恶魔",必欲除之而后快。20世纪末,政府投入了巨大的人力、物力、财力,好不容易才将水葫芦从滇池草海,以及所有入湖河道口和内河、池塘等处打捞清除干净。然而,水葫芦的臭味似乎尚未散尽,滇池又以治理污染之名,开始大面积种养水葫芦了。如此像"过山车"一样的消息传来,昆明人第一时间的反应自然是莫名惊诧。

支持者认为,不能因水葫芦的危害而将其一棒子打死。从前是由于水葫芦任意繁殖而无人管理,才造成了生态危害。只要控制得当,其改善水体的作用不能抹杀,必须加以利用。

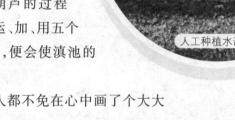
人工种植水葫芦

反对者认为,在种养水葫芦的过程中,如果稍有不慎,在种、采、运、加、用五个环节中,只要有一环出了问题,便会使滇池的污染雪上加霜。

"种"还是"不种"?每个人都不免在心中画了个大大的问号。

(倪永明)

深度阅读

李振宇,解焱. 2002. **中国外来入侵种**. 1-211. 中国林业出版社.

徐汝梅,叶万辉. 2004. **生物入侵——理论与实践**. 1-250. 科学出版社.

万方浩;李保平,郭建英. 2008. **生物入侵: 生物防治篇**. 1-596. 科学出版社.

谢联辉,尤民生,侯有明. 2011. **生物入侵——问题与对策**. 1-432. 科学出版社.

万方浩,刘全儒,谢明. 2012. **生物入侵: 中国外来入侵植物图鉴**. 1-303. 科学出版社.

环境保护部自然生态保护司. 2012. **中国自然环境入侵生物**. 1-174. 中国环境科学出版社.

克氏原螯虾

Procambarus clarkii Girard

克氏原螯虾(小龙虾)在我国已经成为重要经济养殖品种。不过,如果准备对它进行引种,首先要从生态系统、物种及基因3个层次着手,对引种后的环境影响作出科学慎重的评价,在确保引进物种没有较大生态负面影响之后,方可实行引种和推广养殖。

北京簋街

餐桌上的美味

曾经有一段时间,说起北京簋街的麻辣小龙虾,知道的人肯定在流口水。那是因为麻辣小龙虾几乎成了整条簋街的招牌菜,而且是不可或缺的那种。麻辣小龙虾口感很好,肉质鲜嫩,辣中有香。那种红艳诱人的色泽令人食欲大开,那种麻辣香溢的滋味令人大呼过瘾。在簋街,每天吃掉的麻辣小龙虾都是以"吨"来计算的。麻辣小龙虾俨然已成为北京的一种文化符号,京城人口顺,喜欢直呼其为"麻小"。

事实上,"麻小"并非京城人独享的美食。在全国各地,它有一个更为普遍的名字:小龙虾。小龙虾在20世纪90年代初走上餐桌时,只是简单的水煮"待遇",到了90年代末才出现了湖南的口味虾、四川的麻辣虾、湖北的红烧虾球,还有南京人的红烧虾等。在上海,小龙虾可以说是上海市民最爱吃的美食之一,每到夏天,遍布大街小巷的"小龙虾"店挤满了顾客,餐桌上香气四溢,使得食客不分男女老幼都趋之若鹜,掀起了一浪高过一浪的"红色

香气四溢的小龙虾

风暴",甚至出现了一条街有千人共剥小龙虾的奇景。在济南,用"满城尽是龙虾甲"来形容一点都不为过。无论是特色小龙虾酒店,还是路边小龙虾大排档,一盆盆烹制好的小龙虾,色泽诱人、香味扑鼻,让人垂涎三尺……2000年7月,江苏盱眙别出心裁地举办了"中国龙年盱眙龙虾节","十三香小龙虾"也成为美味小龙虾的绝佳代表。

麻辣小龙虾

目前,小龙虾不仅是当今中国最受欢迎的水产品种之一,也是世界级的美食,在欧洲、非洲、北美洲、大洋洲都有嗜好小龙虾的"吃货"。

十三香小龙虾

梯田里的大害

有谁会想到,如此美味的小龙虾会给远在边疆的云南省红河哈尼族彝族自治州元阳县的农业和旅游业带来了损失。

元阳梯田位于元阳县哀牢山南部。哈尼族开垦的梯田随山势地形变化,因地制宜,坡缓地大则开垦大田,坡陡地小则开垦小田。元阳梯田规模宏大、景色优美,仅元阳县境内就有17万亩,是哈尼梯田的核心区,也是哈尼人祖祖辈辈赖以生存的基础。每年11月到次年4月,是元阳梯田的最佳观赏期。2013年6月22日在第37届世界遗产大会上,哈尼梯田被成功列入世界遗产名录,成为我国第45处世界遗产。

元阳梯田里原本没有小龙虾,但是小龙虾的美味却吸引着在元阳梯田里生活的老百姓。悲剧就这样开始了。2006年底,元阳县一名在外地打工的村民觉得小龙虾好吃,就购买了一些活体,在自家的梯田里放养。后来,有更多的村民加入了养殖小龙虾的行列,当然也有越来越多的村民在享受着美味的小龙虾。因此,小龙虾就在元阳

世界文化遗产——元阳梯田

县这个新的环境里迅速繁殖开来。由于没有天敌，再加上繁殖速度快，小龙虾在元阳县的很多田地里都出现了。不到5年，小龙虾这个被当地村民引进的外来物种，在元阳县6个乡镇35个村的3万多亩梯田里繁衍不息。

小龙虾的入侵，对于进入最佳观光季的元阳梯田构成了巨大威胁。小龙虾是打洞高手，它的前端长着一对钳子般强有力的螯足，这是它打洞的武器。有的小龙虾打的洞深度长达1米多，而且常常是从上一个田埂打到下一个田埂，这样，没过多久整个梯田的田埂都会被打通。被小龙虾打过洞的梯田，只要一放水，就会往外渗水。关不住水，梯田中的秧苗就无法栽种了。而且，小龙虾打的洞穴的走向也多样化，破坏了农田土壤结构，造成水土流失，给当地的土壤结构和水利设施造成了严重的威胁。在小龙虾比较多的梯田里，大部分田埂早已被蛀空，只要轻轻一踩就会垮塌，而修复这样的田埂需要一整天。小龙虾蛀空了哈尼人祖祖辈辈赖以生存的梯田，让梯田无法存住水，危及哈尼人的吃饭问题，梯田美景也不再。餐桌上美味的小龙虾，已经成了哈尼人和哈尼梯田的噩梦。

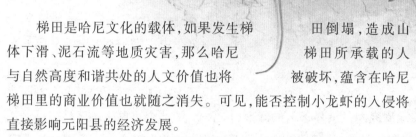

小龙虾

　　梯田是哈尼文化的载体,如果发生梯体下滑、泥石流等地质灾害,那么哈尼与自然高度和谐共处的人文价值也将田倒塌,造成山梯田所承载的人被破坏,蕴含在哈尼梯田里的商业价值也就随之消失。可见,能否控制小龙虾的入侵将直接影响元阳县的经济发展。

　　小龙虾在3万多亩的梯田里横行,受损失的农户达1万多户。为了保护梯田美景,红河州、元阳县两级政府从2012年开始,每年出资110万元购买农药清剿小龙虾。2012年插秧前夕,红河州确定了"政府领导、业务部门指导、农户广泛参与"的梯田小龙虾歼灭战。元阳县第一次治理小龙虾行动,以村小组为单位集中连片,大面积喷洒药物灭杀小龙虾。到当年4月底,对出现小龙虾的30984亩梯田喷洒了药物,最终清理死虾370余万只,重达26.3吨。一场人虾大战暂时告一段落。从那以后,元阳县政府已经把小龙虾的防治当作首要的工作来抓。

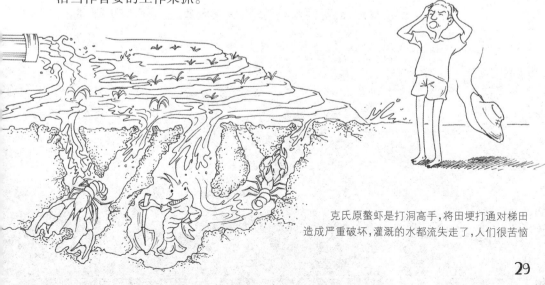

克氏原螯虾是打洞高手,将田埂打通对梯田造成严重破坏,灌溉的水都流失走了,人们很苦恼

洞庭湖畔的岳阳楼

但是，药物防治的副作用却凸显出来，这种做法殃及了田中放养的鱼类及其他物种。一些农户反映，以往田里的鱼可以供自家吃，产量多的还可以通过卖鱼增加些收入，但现在却不可能了。

我国受小龙虾之害的地区远不止云南元阳一个地区，在它的主要分布区——长江中下游一带，它所造成的危害更为严重。

位于长江中游的我国第一大淡水湖洞庭湖是世界著名的湿地，也是全球200个重要生态区域之一。洞庭湖的意思就是神仙洞府，可见其风光之绮丽迷人。洞庭湖浩瀚迂回，山峦突兀，其最大的特点便是湖外有湖，湖中有山，渔帆点点，芦叶青青，水天一色，鸥鹭翔飞。春秋四时之景不同，一日之中也变化万千。洞庭湖不仅风光佳绝，而且素称鱼米之乡，湖滨盛产稻谷，湖中盛产鱼虾。

但是这里长期以来承受着农业开发和城市化进程的冲击以及大规模水利建设的影响，生态环境十分脆弱。近10多年来，小龙虾的入侵使生态系统遭受了更大程度的破坏。自小龙虾进入洞庭湖后，一方面成了当地居民嗜食的食品；另一方面却对洞庭湖大堤、沟、渠、田埂、土壤造成破坏，导致河堤滑坡、沟渠淤塞、土壤肥力下降，同时

洞庭湖

水田田埂是克氏原螯虾的栖息地

因其取食水生作物水稻等的根系，而使农作物受毁受损。小龙虾已经成了我国洞庭湖地区最大的灾害性外来物种。由于小龙虾的适应性很强，能忍受长达4个月的枯水期，繁殖率很高，目前已形成单优势种群，不断压制、排挤或侵害本地物种，危及本地物种的生存，影响了入侵地的生物多样性。例如，小龙虾入侵后，沼虾产量已大为减少。小龙虾食性十分广泛、繁殖力强，建立优势种群的速度极快，对养殖业造成了较大危害。小龙虾对同一水域的鱼类、甲壳类、水生植物、水稻等造成了很大的威胁，还直接危害了人工繁殖的幼蚌。小龙虾不仅与鱼类争夺饵料，还会攻击鱼苗。由于它们大多在堤坝上挖洞生存，还严重影响到洞庭湖区的防洪设施。

克氏原螯虾

克氏原螯虾

更令人吃惊的是,还有大批小龙虾进入长江,溯江而上,也对长江大堤造成了危害。人们不会忘记那场惊心动魄的长江抗洪大搏斗。1998年长江爆发特大洪水,许多地段出现的险情就是小龙虾惹的祸。例如,防汛人员在长江荆江大堤章化段巡视检查时发现清水漏洞,在进行抢险时,从堤身挖出大量小龙虾;鄂州市燕矶段也发现十余起小龙虾危害大堤的情况;武汉市汉江黄金口段,曾发现有很多小龙虾洞,经及时用砂石料填埋,才消除了大隐患。可见,小龙虾对江堤造成的危害,让人防不胜防。

红彤彤的"钢铁虾"

小龙虾其实并不是龙虾,而是一种外来入侵物种,名叫克氏原螯虾*Procambarus clarkii* Girard。克氏原螯虾原产于美国南部和墨西哥北部,主要栖息地是密西西比河河口附近的区域。它隶属于节肢动物门甲壳纲十足目螯虾科原螯虾属,俗称小龙虾、淡水龙虾、螯虾等。

它是世界上分布最广、产量最高的淡水螯虾之一。克氏原螯虾英文名为red swamp crayfish，直译为红沼泽螯虾，因其形态与海水龙虾相似，故称小龙虾，在国际上又被称为淡水龙虾（freshwater lobster）或淡水螯虾（freshwater crayfish）。

"驼背老公公，胡须翘松松，爬到锅台中，全身红彤彤"。这就是老百姓眼中的克氏原螯虾。它们身穿一套坚硬的盔甲，长着一对红红的大钳子，就像两把大剪刀一样，让人心惊胆战。它们有一对小巧灵活的眼睛，只要用手轻轻一碰，就会立刻缩回去。成虾体长一般为7～13厘米，身体分头胸和腹部两部分。头部有5对附肢，其中2对触角较发达；胸部有8对附肢，后5对为步足，前3对步足均有螯，第1对特别发达；与蟹的螯相似，尤以雄虾更为突出；腹部较短，有6对附肢，前5对为游泳肢，不发达，末对为尾肢，与尾节合成发达的尾扇。同龄的雌虾比雄虾个体大。

克氏原螯虾雌雄异体，经过11个月的生长后普遍达到性成熟，而性成熟时的个体大小则取决于各地水温的高低和食物的丰歉程度。克氏原螯虾的生活史从受精卵开始，紧接着是胚胎发育和幼虾期，达到性成熟后繁衍后代，最后衰老死亡。其胚胎发育过程可以分为9个主要阶段：受精卵期、卵裂期、囊胚期、原肠期、前无节幼体期、后无节幼体期、复眼色素期、预备孵化期和孵化期。受精卵经6～10周可孵出幼虾，幼虾吸附于母体1～2周，3周后可独立生活。克氏原螯虾从孵化到幼虾要经过11次蜕壳，幼虾再经过多次蜕壳才能达到性成熟。性成熟的雌、雄虾蜕壳次数急剧减少，老龄虾基本上一年蜕壳一次。刚孵化出的幼体以自身卵黄为营养。第一次蜕壳后开始摄食浮游植物及小型枝角类幼体、轮虫等；经四五次蜕壳后，可摄食小型枝角类和桡足类；幼体变态结束，变为杂食性。

克氏原螯虾成体是杂食性动物，各种鲜嫩水草以及水体中的底栖动物、软体动物、大型浮游动物、鱼虾尸体、同类

克氏原螯虾

33

克氏原螯虾

尸体等都是其喜食的饵料。在生长期间,它多选择靠近有繁茂水生植物的土质堤岸掘洞,白天栖息其间,夜晚外出活动和觅食。在繁殖季节,它们一般潜伏在洞内或洞口,很少离开活动。在冬季,克氏原螯虾全部穴居洞内,以度过3～5个月的低温季节。此外,如遇水域干涸时,克氏原螯虾即将原有洞穴加深,或者在低洼处新掘洞穴,并用泥土将洞口覆盖,以防洞内水分蒸发,从而隐藏洞内,度过干涸期。洞穴是克氏原螯虾栖息、繁殖、越冬和躲避天敌的重要场所,其掘洞习性是对自然环境的一种适应性行为,是长期进化的结果。

日本是克氏原螯虾进入包括我国在内的东亚地区的跳板。1920年,日本建立了食用蛙养殖场,主要养殖牛蛙。1927年,日本从美国引进了20只克氏原螯虾,想将它们培育成牛蛙的饵料。不料,从此以后,强势的克氏原螯虾开始在日本大量繁殖。到20世纪60年代,在日本包括北海道在内的绝大多数地方都发现了克氏原螯虾的身影。不过,日本人并没有把这种生长迅速的动物当成美味,吃的人很少。

1929年,克氏原螯虾从日本传入我国。它首先在南京出现,当时是作为食物、鱼饵、宠物从日本引进的,在南京和滁县附近地区生长繁殖。后来,它们沿长江流域自然扩散,很快就分布至十几个省市,成为我国自然水体中的一个物种,在有些地方已成为一些湖泊和沟渠的优势种群。目前,克氏原螯虾几乎遍布于除新疆、西藏以外的所有省份,而其主产区则在长江流域和淮河流域的湖北、江苏、安徽、浙江和上海等省市,遍及内陆水域、低洼湿地和稻田,尤以排灌沟渠及鱼塘内最多,数量估计在6万吨以上。随着人类和其他因素的影响,目前除了大洋洲和南极洲,克氏原螯虾已分布于地球上的几乎所有大陆,而且是很多地方的常见动物了。

惊人的生存能力

克氏原螯虾在我国的发展速度极其迅猛,经过半个多世纪,现在几乎到处都可以见到它的身影。主要原因有两个,一是人为盲目地传播,二是由于克氏原螯虾生命力强且扩散能力大。无论在我国南方,还是在我国北方,都有它适宜生存和发展的环境。特别是在长江中下游地区,湖泊、池塘、湿地星罗棋布,江河、沟渠纵横交错,而且这些地区还经常会出现较大的洪水,克氏原螯虾会随着洪水四处迁徙,再加上人为携带或传播,以及它极强的繁殖能力和适应能力,很快发展到几乎遍布长江南北的每个角落,并成为归化于我国自然水体的一个物种。

克氏原螯虾之所以能在引入地成功地建立种群,主要是它有以下几方面的能耐。

克氏原螯虾生态可塑性强,主要表现在其摄食习性上。它们是杂食性动物,可以从各种各样的食物中摄取丰富的营养,从而加速个体增长。研究表明,克氏原螯虾可以在不同时期通过改变自己的食谱,有着最优摄食策略。除此之外,克氏原螯虾的掘洞习性有助于其抵抗不利环境。克氏原螯虾抗病力强,对一系列的危险信号反应灵敏且有积极扩散的能力,增加了其占领栖息地的范围。

克氏原螯虾有很强的繁殖能力,在一些水汛期超过6个月的地区有两次产卵期。克氏原螯虾是生长迅速的物种,发育期短,在条件适宜、饵料充足的情况下,稚虾3~5个月即能发育成熟。幼体在成长阶段附着在母体腹部的繁育方式,保证了后代有很高的成活率。仔虾在脱离母体后,在独立生活前仍会在母体周围生活相当长的一段时间。

克氏原螯虾对新栖息地的水文和温度条件具有很高的适应能力。各种形式的水体,包括小水体、短期性积水沟、人类干扰的水体等,都能生存繁衍。它们的耐受性非同寻常,能忍受极端的环境。即使是在氧气浓度低或受污染的水体中,它们也能很好地生存。我国大多数水域都适宜它生存和发展,甚至在一些鱼类难以存活的水体中也能生活。当水体缺氧时,克氏原螯虾可以爬上岸,还能借助水中的漂浮植物或水草将身体侧卧于水面上,这样可以利用身体一侧的鳃进行呼吸以维持生存。

克氏原螯虾生性好斗,是名副其实的格斗高手。它们通常是在夜间格斗,其螯足尖而有力,与本土动物争斗时常常获胜。克氏原螯虾体形粗壮,甲壳厚而呈深红色,体表披一层尖硬的几丁质外壳,第二对步足特别发达而成为很大的螯。雄虾的螯比雌虾的更发达,而且具有很好的抗敌和避敌能力。克氏原螯虾比较贪食,食物缺乏时它们就会同类相残,以大吃小,正蜕壳或刚蜕壳的软壳虾最易被同类残食。当克氏原螯虾被抓住步足或螯足而无法挣脱时,常常会自行将其步足或螯足脱掉而逃生。不过,它们的再生能力很强,断肢在下一次蜕皮时可以再生一部分,经过几次蜕皮后就能完全恢复,但新生部分要比原先的短小很多。这种自切和再生行为,是克氏原螯虾为适应自然环境而形成的一种自我保护的本领。

再 生

再生是指多细胞生物对自身损伤的一种重建、恢复和发育的过程。如果生物体的组织或器官受外力作用发生创伤而部分丢失,在剩余部分的基础上可以通过再生,生长出与丢失部分在形态与功能上相同的结构。再生可以是完全性再生,即损伤后由周围同种细胞来修复,或者是不完全性再生,即损伤后坏死组织由纤维结缔组织来修复。不同生物的各种组织有不同的再生能力,这是生物在长期进化过程中形成的。一般说来,低等动物组织的再生能力比高等动物强,分化低的组织比分化高的组织再生能力强,平常容易遭受损伤的组织以及在生理条件下经常更新的组织,有较强的再生能力。

罪行累累

克氏原螯虾的入侵给我国的生态环境和国民经济带来了很严重的影响。

1. 导致引入地生物多样性的丧失

克氏原螯虾喜欢摄食土著水生植物,而这些植物都是维持生态系统稳定的重要组成部分,结果致使很多本地物种丧失了适宜的栖

水稻

息环境。克氏原螯虾的引入严重破坏了大型水生植物,常常使得这些湖泊从清澈状态变成混浊的、富营养化的湖泊,食物网的结构和营养等级也都随之发生深刻的变化。克氏原螯虾在河流和湖泊中是重要的消费者,常常支配着那里无脊椎动物的生物量。克氏原螯虾凶残贪食,所到之处往往会造成当地一些物种的消失,进而改变该地区原有的食物链,使得生物多样性降低,生态系统的稳定性受到破坏。

2. 直接取食本地种

克氏原螯虾的摄食能力和繁殖能力非常强,对生长环境的要求很低,因此,克氏原螯虾易在临时性水体中生存下来,并且食性十分广泛,建立种群的速度极快。同时,它们对同一水域内的鱼类、甲壳类、水生植物、水稻等也都能造成很大的威胁。它的捕食作用还是某些入侵地区土著蝌蚪数量下降的原因。例如,我国科学家已证实,在桂林地区自然环境中,克氏原螯虾的密度与泽蛙蝌蚪的密度呈显著负相关。尽管两栖动物有各种各样的反捕食机制,但是仅仅在捕食者出现时它们才会采取反捕食行为。这些反捕食机制是在长时间的进化中形成的,而对新近入侵的捕食者可能是无效的。

克氏原螯虾对我国的中华绒螯蟹和青虾有着致命的杀伤作用。克氏原螯虾性喜斗,螯足尖利有力,在与当地土著动物的争斗中往往获胜。已有报道说,蜕壳中的蟹抵抗力较差,常在与克氏原螯虾搏斗

38

时造成断肢,增加蜕壳的困难,甚至被杀死。克氏原螯虾在与青虾争夺食物中占据优势,还常以青虾作食物。因此,克氏原螯虾的入侵给中华绒螯蟹和青虾的养殖造成巨大的危害,这也是必须清除它们的原因之一。

中华绒螯蟹

3. 与本地物种竞争资源

成功入侵的外来物种在新栖息地,其竞争能力常常强于处于相似生态位的土著物种,因此外来物种可以通过排挤土著物种而获得成功。一些外来物种获取食物与资源的能力强于土著物种,在与其竞争中处于优势。克氏原螯虾通过与土著物种竞争食物、栖息地等资源,并常常处于优胜地位,严重威胁土著物种的生存。

4. 对大堤大坝的破坏

前面已经说过,克氏原螯虾会打洞,它们的大量繁衍会对湖泊、水库、江河等的堤坝安全造成威胁。它们在我国长江中下游均有分布,已经成为长江流域堤坝的"心腹之患"。

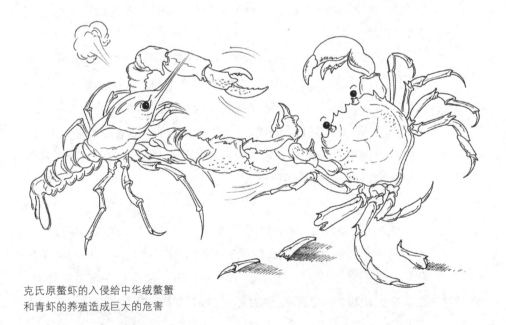

克氏原螯虾的入侵给中华绒螯蟹
和青虾的养殖造成巨大的危害

克氏原螯虾

克氏原螯虾在打洞之前会首先选择地点,它们先沿着水平面上下探测,用螯足挖一下泥土,试一试泥土的硬度是否合适。打洞的时候,先是头朝内,用两个螯挖泥,然后用双螯合抱着一团泥,倒退着出洞。出了洞口之后再转身往前走,在离洞口5～15厘米的地方放下泥土。如果螯上仍沾有泥土,它就用两螯互相摩擦把泥弄掉,之后再回头进洞继续挖。泥土在洞穴外越堆越高,当比洞口下沿略高时,它就用双螯将泥土往外拨,直到将高出的泥土弄得与洞口下沿相平或略低。因此在打洞的时候,克氏原螯虾的全身都沾满了泥土。从开口往洞内,洞穴的宽度逐渐增大,洞口往内10～15厘米,洞宽增加缓慢,之后增加度陡然变大,洞内要比洞口大2～3倍,特别是洞底一般都比较宽敞,宽度可达洞口的3～4倍。复杂洞穴的宽度一般要比简单洞穴的更宽些。

克氏原螯虾洞穴的结构绝大多数比较简单,90%以上的洞穴都是1个洞口1个洞道,比较复杂的洞穴为1个洞口2～3个洞道,或者2个洞口1～3个洞道。大部分洞穴的洞道延伸的方向都是沿堤坡内侧向下倾斜的,很少有向上倾斜的。在浅水区的底部和潮湿的平地上,还有极少数的洞道垂直向下延伸。洞口和洞道横断面大多呈圆形和椭圆形,少数横断面为不规则形。

5. 传播疾病

克氏原螯虾虽然可烹制成美味佳肴供人食用,但是它也可能对人类健康造成损害。原来,克氏原螯虾是肺吸虫的第二中间宿主。肺吸虫是人类和哺乳动物共患的寄生虫病,主要寄生在寄主的肺部,使寄主出现以咳嗽、胸痛、烂桃样血痰或铁锈色痰为主的临床症状。

除肺部受侵外,虫体侵入腹腔可引起腹痛、腹泻、肝肿大;侵入皮肤肌肉,可引起皮下结节或包块;侵入脑部可引起癫痫、偏瘫、精神异常。

另外,由于克氏原螯虾经常在环境恶劣的水体中出没,所以其体内也经常会富集一些有害物质,如重金属和化学农药等,这些都会对人的身体造成一定程度的危害。

野外防控

看到前面的介绍,我们知道克氏原螯虾是一种能力超强、极具破坏性的"钢铁虾"。面对它的肆虐,我们人类该怎么应对呢?

控制克氏原螯虾比较安全的方法是集中诱捕,可以号召人们使用陷阱、长袋网、捕鱼网等对克氏原螯虾进行捕捉,但是需要和其他物理、化学或生物方法等综合使用,才可能根除其种群。

使用杀虫剂、生化信息素等是一种有效的方法,例如含有有机磷酸酯的杀虫剂就能控制克氏原螯虾。如果水体中克氏原螯虾种群较小,用少量的杀虫剂即可控制其增长。但是,使用杀虫剂同样会导致其他物种数量下降,且杀虫剂的毒性积累可能会通过食物链中的生物放大作用,严重影响生态环境,所以我们要谨慎使用化学防治手段。

还可通过天敌控制克氏原螯虾种群。首先,可在其入侵地寻找天敌,包括捕食性鱼类、大中型两栖类或主要以水生动物为食的鸟类和兽类等。在野外,水老鼠、水蛇、青蛙、水鸟及一些肉食性鱼类均能捕食克氏原螯虾。其次,可引入外来天敌。但由于这种引入可能会

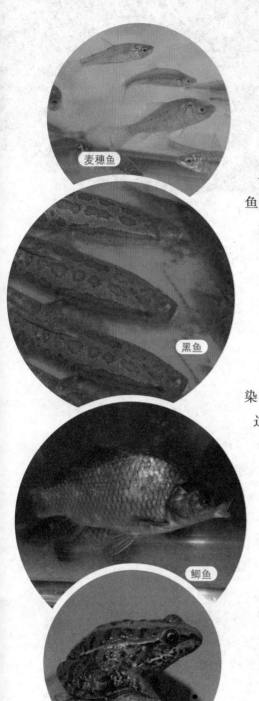

麦穗鱼

黑鱼

鲫鱼

青蛙

克氏原螯虾的天敌

造成严重后果,因此在引入外来天敌进行生物防治时,进行必要的环境安全性评估是非常重要的。

控制克氏原螯虾的鱼类可分为两类。一类可直接吞食克氏原螯虾,如黑鱼、黄鳝、鳜鱼等;另一类是与克氏原螯虾争食饵料,如鲫鱼、鳊鲅鱼和麦穗鱼等。据测定,1只青蛙一昼夜可吃掉10~15只幼螯虾。因此,青蛙是幼螯虾的最大敌害之一。一些水鸟不仅直接吞食克氏原螯虾,还是螯虾疾病的传播者,主要有翠鸟、苍鹭、池鹭等。此外,蚂蟥多数寄生在个体较大的克氏原螯虾腹部附肢间,被寄生处的外表组织受到破坏,引起其贫血和感染,直接影响其生长发育,严重者往往会因失血过多而死亡。

对水库的土质大坝和江河大堤的险工险段进行加固,对堤坝内坡用混凝土、块石护坡,在堤坝内外进行填塘固基,加筑坝基堤脚平台,这些都是控制克氏原螯虾掘洞危害的必要工程措施。事实上,自1998年长江特大洪水以后,国家和当地政府已经投入了大量经费,连续多年对水库大坝和江河大堤的险工险段进行了全面的加固建设,极大地降低了克氏原螯虾掘洞对水利工程危害的可能性。

根据克氏原螯虾的栖息、摄食、繁殖和掘洞等生物学和生态学特性,采取相应的生态措施,也可以取得较好的效果。一是清除其栖息、摄食场所,如填平堤坝附近特别是与堤坝直接相连的池塘、水沟和水坑;二是加大各种水域的捕捞力度,控制其种群数量的增长。

鱼塘一般每667平方米用生石灰100～150千克清塘消毒,可以清除池塘中的克氏原螯虾,但是在塘堤四周不能留死角。池塘中的淤泥也要翻动、曝晒,杜绝外来螯虾苗的进入。在放蟹苗、鱼苗时,要严格检疫去杂,防止带进螯虾苗,还要认真清除移栽水草中藏匿的螯虾苗,并要在蟹池的进出水口设置50目过滤筛网,防止排灌水时螯虾苗的进入。在克氏原螯虾泛滥的鱼塘、蟹池中,也应加大人工捕捉力度。

变害为宝

尽管人们在想尽办法对付这种"害人精",但是到目前为止,对它的泛滥尚无特别有效的防治方法。那么我们何不换一种思路,将它变害为宝呢?

克氏原螯虾不光味道鲜美,而且还有药用价值,能化痰止咳,促进手术后的伤口愈合。另外值得一提的是,从它的甲壳里提取的甲壳素,被欧美学术界称之为继蛋白质、脂肪、糖类、维生素、矿物质五大生命要素之后的第六大生命要素。

克氏原螯虾能大量摄食水体中特别是污水中的蚊子幼虫和钉螺,可用来灭蚊灭螺,相比较过去药物防治的做法,对净化环境具有一定意义。

钉螺是血吸虫唯一的中间宿主。它的分布与日本血吸虫病的流行区域基本一致。因此,消灭钉螺是控制血吸虫病的传播非常有效的

苍鹭是克氏原螯虾的捕食者

一个防治方法。随着人们生态保护意识的逐步提高,生物灭螺的研究及开发应用越来越被人们所重视,而克氏原螯虾就是"灭螺英雄"之一。

当正在爬行的钉螺碰到克氏原螯虾时,钉螺会将软体组织迅速缩回壳内,呈现自我保护状态,而克氏原螯虾则迅速用步足的钳状螯肢将其夹住,然后再传递给第三颚足,送入坚硬锋利的口器,夹碎钉螺的壳,吃掉它的内脏,甚至将壳一起吞掉——不用担心,钉螺的壳对克氏原螯虾造不成伤害。

克氏原螯虾的胃特别发达,这与其取食大型粗食是相适应的。胃内面的角质膜增厚,形成骨板和硬齿等,可以研磨食物,这些结构称为磨胃。此外,它的胃依据其结构特征还分为贲门胃和幽门胃。贲门胃几丁质板很发达,且有较大的几丁质齿。这些板与齿用来研磨食物,可以将钉螺进一步碎化。幽门胃内壁密布有许多长短不一、粗细不同的刚毛,形成几条沟槽,构成滤器,用来过滤食物,可以拦截不易粉碎的螺壳,而只让细小的颗粒通过。可见,克氏原螯虾的胃非常适合消化钉螺这样的食物。

因此,尽管螺壳有一定的阻碍作用,尽管有可选性食物的存在,克氏原螯虾仍然能够捕食大量钉螺,特别是幼螺。

另外,如果在克氏原螯虾数量较多的湖滩进行围栏养殖,既可避免因其打洞而致使池塘失水,又可充分利用湖滩丰富的天然饵料。在养殖过程中,只要确保一定的水量,遮阴栖息场所,并提供充足的饵料,特别是做好防逃工作,克氏原螯虾就会迅速健康地生长,养殖户也能取得良好的经济效益。

对于那些准备引种的地区,首先要对克氏原螯虾进行引种后的环境影响评价。在评价时,应从生态系统、物种及基因三个层次着手,系统分析研究克氏原螯虾的生物学和生态学特征,特别是与周围环境中其他相关物种之间的抑制、竞争或捕食关系,必要时应进行实验室或野外小规模的实验,研究克氏原螯虾对周围环境及物种的影响,直至作出科学慎重的评价。在确保引进物种没有较大负面生态影响之后,方可实行引种和推广养殖。在已经养殖克氏原螯虾的

钉螺

麻辣小龙虾

地区,要严格控制养殖的范围和水域,经常跟踪调查研究与评估,建立特定的生态监测体系,发现问题及时解决。对于封闭性岛屿、泻湖等生态脆弱或敏感区域,更要加大监测力度,以防克氏原螯虾逃逸到野外。

（杨红珍）

深度阅读

李振宇,解焱. 2002. 中国外来入侵种. 1-211. 中国林业出版社.

江希,庞璐,黄成. 2007. 外来种克氏原螯虾的危害及其防治. 生物学通报, 42(5): 15-16.

蔡凤金,武正军,何南等. 2010. 克氏原螯虾的入侵生态学研究进展. 生态学杂志, 29(1): 124-132.

徐海根,强胜. 2011. 中国外来入侵生物. 1-684. 科学出版社.

环境保护部自然生态保护司. 2012. 中国自然环境入侵生物. 1-174. 中国环境科学出版社.

虾夷马粪海胆

Strongylocentrotus intermedius A. Agassiz

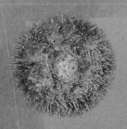 虾夷马粪海胆一旦逃逸到野外,就会与土著海胆争夺食物与生活空间,还会咬断大型海藻的根部,造成海藻大面积死亡,进而破坏海岸带生态系统的平衡,造成"海胆荒漠"。因此,控制养殖的虾夷马粪海胆的外逃决不能掉以轻心。

梅氏长海胆

喇叭毒棘海胆

曼氏孔盾海胆(壳)

海胆标本(一)

海中的"仙人球"

许多人看到尖锐的物体时,常常会感到有无法控制的恐惧。这种恐惧恐怕不仅仅存在于人类身上,动物也应该会有。你看,哪个胆大包天的动物敢惹豪猪?"万箭穿心"的滋味可不好受!个头小的刺猬竖起棘刺后,也是一个不好惹的主。豪猪、刺猬可以说是陆地动物着"奇装异服"的代表,而海洋里也有一类动物和它们一样,那就是海胆。

大多数种类的海胆都像略扁的圆球,也有的像圆盘、像心形、像饼干等,所以海胆分为两大类:一类是正形海胆,一般为球形,少数为卵圆形;另一类身体比较扁平的是歪形海胆。无论哪一类海胆,它们浑身都长满了长短不一的棘刺,活像一个抱成团的刺猬,或是一个

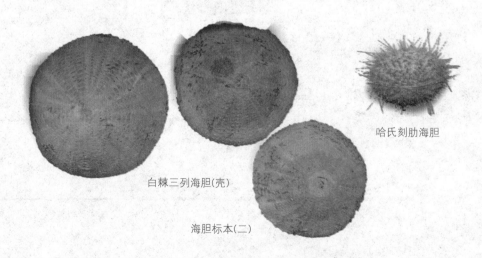

哈氏刻肋海胆

白棘三列海胆(壳)

海胆标本(二)

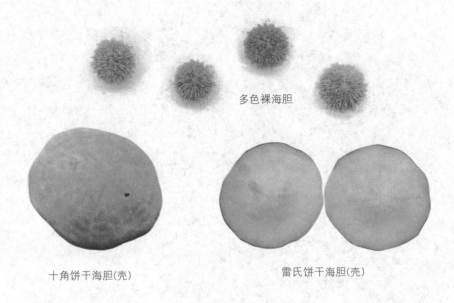

多色裸海胆

十角饼干海胆(壳)

雷氏饼干海胆(壳)

海胆标本(三)

带刺的仙人球,所以俗称海刺猬、刺球或刺锅子。

　　海胆在全世界共有850多种,我国沿海有100多种,如马粪海胆、光棘球海胆、海刺猬、白棘三列海胆、紫海胆、细雕刻肋海胆、哈氏刻肋海胆等。它们喜欢栖息在暖水区域海藻丛生的潮间带以下的海区,躲在石缝、礁石、泥沙或珊瑚礁中,昼伏夜出。

　　我国民间有一则谜语说:"身披褐针毯,貌奇甚小胆,遇到敌害来,慌忙把身潜"。这个谜语充分反映出了海胆的特性。海胆没有伸展的腕,五个辐射状的腕向上卷起,在口的反面中央相互接合。海胆的整个身体被一层坚硬的"盾牌"保护着,"盾牌"就是上千片整齐排列的石灰质骨壳,而在这互相镶合的骨板表面之外,是一把把防御敌害的"长矛"——许多向四周突起的棘刺。让人意想不到的是,这些棘刺以及那些具有吸盘的管足,都是海胆的运动器官。要知道,它硬壳上的每根长棘都能转动。运动时,一部分长棘支撑

石笔海胆标本

海胆的运动

地面,一部分向前运动,支撑和移动交替进行。海胆比较"聪明",在不同的地理环境下,会采用不同的运动方式。例如,在沙滩上,它就利用长棘的转动摇晃着前进。若是在平滑的岩石上,它又改为利用管足运动,五行细微透明的管足由壳上的小孔伸出来,足端的吸盘大显身手,这个吸,那个松,一颠一跛,像乌龟一样在海底爬行。

　　海胆的生殖活动非常有趣。它们是雌、雄异体的群居性动物,但雌、雄在外观上难以分辨,只有在精卵排放时才可辨别:雄性排放的呈白色线状,散开后呈雾状;雌性排放的则呈橙黄色绒线状,散开后呈颗粒状。在进行繁殖时,无数的雌、雄海胆会不约而同地聚集在一起,举行"集体婚礼"。其中,有一对雌、雄海胆率先把精子和卵子排到水里,然后,它们的行为信息就像"微信"一样传递给了附近的每一只海胆,刺激这一区域所有成熟的海胆都排精或排卵。这种现象被人们形容为"生殖传染病"。

紫海胆

海胆的卵子在水中受精后成为合子,像浮游生物一样随水漂动,几天以后发育成早期长腕幼虫,用长长的纤毛状腕来运动和捕食浮游植物。再经过几天或几个月,不同的种类时间长短不同,变态发育成后期长腕幼虫。长腕渐渐被身体吸收,发育成幼海胆后只有少数的棘和管足。但它生长发育很快,不久就很像一个成体海胆的雏形了。

海胆的生活表面上看起来风平浪静,实际上存在着激烈的生存竞争。某些匍匐型底栖生物,如鲍、蝾螺、锈凹螺等,因食性与海胆相似,常与海胆争食饵料。特别是在饵料藻类不足的情况下,事关种群的生存与发展,便有你死我活的争斗了。人们将这类生物相互称为饵料竞争性敌害生物。更糟的是,外面强敌虎视眈眈,内部竟然手足相残:某些食性接近的不同种类的海胆之间,也有着激烈的饵料竞争。当然,对于海胆来说,这种级别的争斗互有

鲍

棘皮动物

棘皮动物隶属于棘皮动物门,包括海星、蛇尾、海胆、海参和海百合等类群,因体表一般有棘状突起而得名。成体的身体有口面和反口面之分,虽然外观差别很大,有星状、球状、圆筒状和花状等,但均呈辐射对称;体壁有来源于中胚层的发达内骨骼,由许多分开的碳酸钙骨板构成,各板均由一单晶的方解石组成;身体中有与消化道分离的发达真体腔,其中有特殊的水管系统;大多为雌雄异体,生殖细胞释放到海水中受精,幼体在初发生时形状相同,以后则随不同类群而异,少数种类可行无性裂体繁殖;幼体两侧对称,发育经过复杂的变态。它们的口从胚孔的相对端发生,因而属后口动物,在无脊椎动物中进化地位很高。它们全部为海产,分布于世界各海洋,从潮间带到万米深的海沟均有,多为狭盐性动物,对水质污染很敏感,再生力一般很强。它们是底栖动物,自由生活的种类能够缓慢移动。现生的已知有5纲、1200余属、6000余种,我国已发现500多种。

胜负,可以用"胜败乃兵家常事"来一笑置之。但遇到下面这些嘴叼的"食客",海胆只能束手就擒。海胆浑身有刺,甚至还有一些种类的棘有毒,所以在海洋动物中能直接吃成年海胆的敌害并不是很多,已知的仅有少量鲀科、鲷科鱼类以及海獭。不过,能对海胆的各种幼体以及壳径在5~10毫米以下的幼海胆进行捕食的动物就比较多了,除了鲀科、鲷科鱼类外,还有海星、蟹类、龙虾等。

鳞鲀是吃海胆的高手。这种鱼只有26厘米长,口很小,吻看起来很钝,上下颌各有8个门齿状大牙,用以对付猎物的坚硬部分,还能把大的食物切成小块吃,而它的脸颊是粗糙的革质,可以抵御海胆的棘刺。在捕食时,鳞鲀先是用口叼着海胆的一根棘,把它从海底提起来,然后再扔下去。海胆一般是口面朝下的,但经鳞鲀一提一扔,很容易将身体翻转过来,即口面朝上。口是海胆的摄食和咀嚼器官,由大约30个骨状物和肌肉组成。一旦口面朝上,鳞鲀会立即咬住这部分柔软的口区,由外而内一口一口吃掉。此外,一种有着长长的嘴的蝴蝶鱼也很爱吃海胆,它的嘴长得像个钳子,吃起海胆来得心应手。

海獭也喜欢吃海胆。它有一种奇特的技艺,潜入水底捞到几枚海胆后,就塞入自己的肚皮褶里,然后再拾一块石头,浮上水面,并以仰卧的姿势在水面上保持不动。这时,它会把石块放在腹部作砧板,用前足拿着海胆不停地用力往石块上撞击,直到壳裂肉露为止。一旦发现壳撞破了,海獭便马上将里面的肉质部分吸食出来。

海星

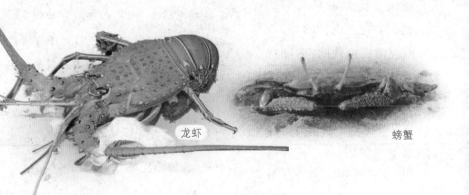

龙虾

螃蟹

除了鳞鲀、蝴蝶鱼、海獭等动物之外，还有一种"动物"吃起海胆来更在行，那就是人类。

不过，人类可要"挑剔"得多了。对于人类来说，在海胆的全身上下，只有它们的性腺，俗称"海胆黄"，才是唯一的可食用部分。而且人类可食的海胆的种类也不多，仅有少数的正形海胆。因此，海胆也就成了一种名贵的海珍品。海胆的性腺可鲜食或蒸蛋吃，也可加工成价格很高的海胆酱、盐渍海胆黄等制品，不仅营养价值高，而且因含有大量的氨基酸、多糖及高度不饱和脂肪酸，味道鲜美，特别受法国、意大利、希腊等地中海沿岸国家和亚洲、北美洲太平洋沿岸国家的人们喜爱。

海獭

鳞鲀

既然海胆性腺是人类唯一可食的部分，因此它也就成为海胆最重要的经济性状。于是，人们为海胆性腺的性状制定了很多的评价标准，主要的有产量性状和品质性状两大类。其中产量性状主要指性腺的湿重。性腺含水量高可能会降低秋季性腺的弹性和口感，因此是影响性腺品质的因素之一。品质性状按照测量方式又可分为表观和内在两类。表观易于用人的感官判别，如外观、气味、口感、味道、质地、回味等。在这些评价标准中，性腺颜色是一个最直接的指标，所以受到了广泛的关注。性腺颜色亮度较好、颜色偏橙红的更受市场欢迎。性腺的口味是另一重要参考标准，有甜味的性腺品质较高，而味道平淡或苦涩的性腺则品质大打折扣。不过，性腺品质也会受到性

海胆黄

别、饵料、规格、栖息地、季节、年龄等众多因素的影响。

　　我国沿海可食的海胆主要有光棘球海胆、海刺猬和马粪海胆等。光棘球海胆是品质比较好的种类，俗称"刺锅子"，其海胆黄呈芒果金色，入口时能感受到淡淡的海水滋味。海刺猬也叫黄海胆，是较为廉价的种类。马粪海胆个体比较小，数量也比较少。虽然其中一些种类在我国开展了人工养殖，也取得了一定的经济效益，但是这些种

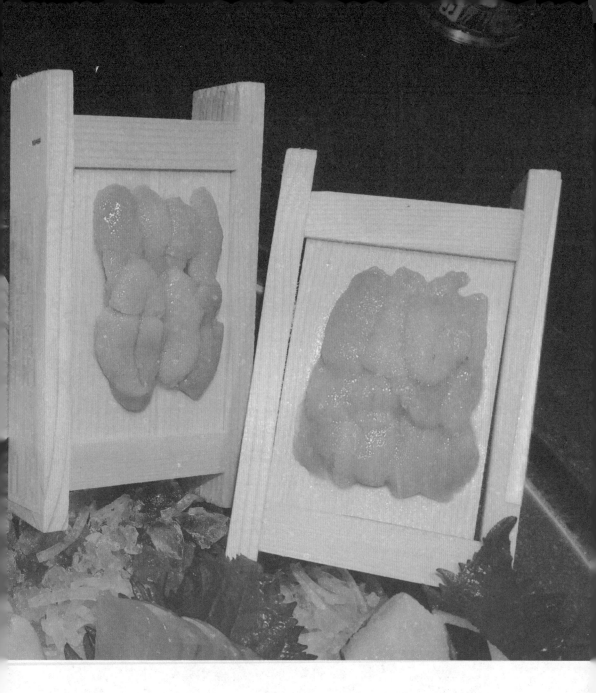

类或由于个体较小,或由于分布狭窄、资源量小,限制了产业的发展。

1989年春,大连水产学院(今大连海洋大学)将500枚虾夷马粪海胆幼苗引入大连,并在黑石礁海区开展了筏式人工养殖试验。1990—

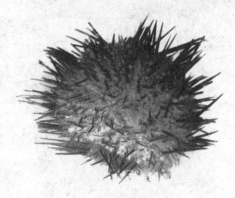

马粪海胆标本   海刺猬标本

1995年,他们开展了人工育苗试验和大规模生产性人工育苗,至1996年9月共育出幼海胆和成年海胆500余万枚。现在,虾夷马粪海胆在我国的养殖范围已经扩大到辽宁和山东两省,均在海区进行人工筏式养殖。

虾夷马粪海胆*Strongylocentrotus intermedius* A. Agassiz也叫中间球海胆,在分类学上隶属于棘皮动物门海胆纲正形目球海胆科。它原产于日本北海道及以北沿海,在俄罗斯萨哈林岛等地也有分布,是该海区重要的海产资源。虾夷马粪海胆因其性腺色泽好、味甜、风味独特而为人们所喜爱,尤其在日本的消费量很大。它的性腺还被人们起了一个很美丽的名字——云丹,让不少"饕餮之徒"为之倾倒。

虾夷马粪海胆的壳呈半球形,外有棘,颜色为红褐色、绿褐色,也有带白色的,因饵料不同而有差异。它的壳径一般为6~7厘米,大者可达10厘米,在自然环境中生活在水深50米以内的岩礁、砾石海底,以水深5~20米处分布较多。虾夷马粪海胆虽然"不挑食",但不同生长阶段的虾夷马粪海胆对饵料的需求不同:稚海胆主要摄食底栖硅藻、囊藻和石莼,幼海胆主要摄食底栖硅藻和海带等,成年个体对海藻的选择性依次为海带、裙带菜、囊藻、马尾藻、石莼、刺松藻等。除摄食上述藻类外,在藻类饵料缺少的饥饿状态下,它们也可摄食贻贝、苔藓虫、柄海鞘等动物性食物。

虾夷马粪海胆性成熟为2龄。繁殖主要在秋季,由于其性腺发育不同步,有些地区从春季至秋季断断续续产卵。我国北方地区自然繁殖季节为9~11月,海区水温12~23℃;繁殖盛期为10月中旬,水

光棘球海胆标本

温17～18℃。壳径6厘米左右的虾夷马粪海胆平均产卵量为500万粒左右，重量大约为5克。幼海胆生长在水深2～3米处，长大后逐渐向深水处移居。

虾夷马粪海胆具有不易发病、饵料来源广、成本低、生长速度快、生产管理操作简单、经济效益高的特点。它的养殖方式主要是筏式养殖，养殖海域需要水清流畅、盐度较高，无工业污染和河流注入，浮泥较少，水深10米以上。同时，要求海区海藻自然生长繁茂，易于设置浮筏设施。

同时，还可以利用扇贝养殖笼或鲍养殖笼等进行养殖。养殖水层一般控制在4～5米水深为宜，高温期控制在水深6～8米。养殖密度根据养成笼及苗种个体大小而定。饵料主要以藻类为主，如鲜海带、裙带菜或马尾藻、石莼、浒苔等。高温期间或鲜菜不足时，可用淡干海带做补充饵料。投喂饵料根据苗种个体大小、增长速度和水温升高的快慢灵活掌握。同时，有条件的地方还可大力发展虾夷马粪海胆与仿刺参等海产品的间养、套养，促进海水养殖业的发展。

人工养殖的虾夷马粪海胆

大连海区养殖的虾夷马粪海胆，20个月时与日本自然海区39～40个月时个体

市场上的海胆

海带

裙带菜

大小相当,22个月时与日本45~46个月个体大小相当。可见,虾夷马粪海胆在引入大连后,其生长速度比日本自然海区的生长速度约快1倍多。这在很大程度上是由于我国的养殖户管理得当,如人工投喂、密度的控制、苗种规格的确定与同步性,以及敌害少、外界环境压力小等促成的结果。其次,大连地区的海胆养殖主要投喂海带或以海带和裙带菜为主,上述两种藻类的饵料效果和转化率均高于其他饵料。此外,大连沿海的水温略高于虾夷马粪海胆原产地的水温,也可能会导致其生长的差异。

我国海胆养殖户在实践中发现,虾夷马粪海胆性腺的色泽与投喂的饵料种类密切相关。例如,投喂鲜海带或裙带菜的海胆性腺呈橘红色或橘黄色,投喂石莼则呈浅橘红色或橘黄色,投喂人工配合饲料则呈土黄色或乳白色。因此,通过改善投喂的饵料等因素就可以提高性腺的品质。不过,虾夷马粪海胆性腺色泽的转换速度一般比较慢,大多在30~40天才可见明显色泽变化,60~80天方能转换完毕。

经过十多年的筏式养殖试验,我国辽宁、山东等地的养殖户已基本掌握了虾夷马粪海胆在我国北部沿海的生长、摄食等生物学规律和养殖技术。虾夷马粪海胆在我国海域生长良好,目前虾夷马粪海胆的养殖正在向产业化推进。

"海胆荒漠"的制造者

养殖虾夷马粪海胆,如果使用塑料养殖筒,由于透水性较差,在水混浊度较大的海区就容易发生淤泥沉积,造成海胆死亡。使用塑料筐则具有附着活动面积较大、易管理和投饵、使用期长等优点,成本也适中,是较好的养殖器材。如果使用鲍鱼养殖笼,则更具备透水性好、易于管理和养殖容量大等优点,但成本较高。为了降低成本,一些养殖户常常利用扇贝养殖笼,虽然具有透水性好和充分利用现有器材等优点,但其可供海胆活动附着的面积较少,投饵操作不方便,容易造成缝合线不严,这样虾夷马粪海胆便可钻至笼外逃逸。

于是,悲剧就发生了。

虾夷马粪海胆一旦逃逸到野外,就在自然生态系统中繁殖起来,成为外来入侵物种。它马上就开始与光棘球海胆等土著物种争夺食物与生活空间,对土著海胆的生存构成了威胁,从而干扰了本土物种与原有生态系统的动态平衡状态。

更严重的是,虾夷马粪海胆逃逸到天然水体中,还会咬断海底大型海藻的根部,进而破坏海藻床,造成海藻大面积死亡。海藻一旦死亡,就会发生连锁反应,从而影响到许多生物的生命安全。

大型海藻是一类能依靠基部固着器固着在水底基质上生活,含有叶绿素,能进行光合放氧的多细胞海洋植物。它们广泛分布于海洋潮间带及潮间带以下的透光层,是海洋植物中的重要组成成分,主要分为红藻、绿藻和褐藻3大

缝合线不严的养殖笼容易造成虾夷马粪海胆逃逸

石笔海胆

光棘球海胆

马粪海胆

海胆(壳)标本

刻肋海胆

门类,也包含蓝藻中的鞘丝藻和眉藻等大型种类。它们生长在海洋与陆地交接的地方,这里海浪的冲击力比较缓和,海水中含有丰富的矿物质,加上阳光充足,它们就可以利用日光进行光合作用,制造食物,而它们通过光合作用所释放出来的氧气,更是动物们呼吸所不可缺少的。海洋世界之所以如此缤纷热闹,大型海藻的功劳实不可没。

大型海藻在近海环境中的生态作用主要有优化海洋生态系统结构、参与海洋碳循环、延缓海域富营养化、控制赤潮、参与海水养殖清洁生产等方面。大型海藻是海洋的清洁工,能吸收氮、磷、铁等,并释放大量氧气,净化海区环境,从而有效地防止海区富营养化。大型海藻对赤潮更有着明显的制约作用,它对赤潮生态调控作用的机制主要表现在营养竞争、光竞争以及生存空间竞争等。

大型海藻有顽强的生命力,它们体内的"营养库"使它们更适应营养盐波动的水体环境。当环境营养盐不足时,体内的氮库仍然可以维持自身较长时间的生长;当水体营养盐含量较高时,即使光照不足,大型海藻也会吸收超过自身生长需要的营养盐,充实内部营养库,以备快速生长时利用。大型海藻具有很高的初级生产力,在不到海洋总面积1%的沿岸带构成海洋总初级生产力的10%。

但是,大型海藻却难挡虾夷马粪海胆的"毒手"。它们一旦进入大型海藻群落中,便像土匪、强盗一样,爬上海

海产品运输车辆

藻,使其叶片下垂,这样更多的虾夷马粪海胆就会爬到上面,大吃大喝不说,还咬断海藻的固着器或叶柄,从而造成海藻漂走、死亡。虾夷马粪海胆的种群有时还会暴发,在此期间,它们可能彻底清空大片区域,制造出广阔的"海胆荒漠"或"海胆沙漠"。于是,在这片水域中,水体的自净能力受到严重制约,水域生态系统的营养等级发生变化,水生生物栖息地的生态体系质量也随之下降,使更多的水生生物的生存受到严重威胁。

逃逸到天然水体中的虾夷马粪海胆能够给大型海藻造成危害

因此,作为一个虾夷马粪海胆的养殖户,眼睛千万不能只盯着海胆的性腺,更重要的是要盯紧篱笆呀!

(李湘涛)

深度阅读

梁玉波,王斌. 2001. 中国外来海洋生物及其影响. 生物多样性, 9(4): 458-465.

郝林华,石红旗,王能飞等. 2005. 外来海洋生物的入侵现状及其生态危害. 海洋科学进展, 23(增刊): 121-126.

李家乐,董志国. 2007. 中国外来水生动植物. 1-178. 上海科学技术出版社.

田家怡,闫永利,李建庆等. 2009. 山东海洋外来入侵生物与防控对策. 海洋湖沼通报, 2009(1): 41-46.

徐海根,强胜. 2011. 中国外来入侵生物. 1-684. 科学出版社.

巴西龟

Trachemys scripta elegans Wied-Neuwied

放生虽然是慈悲心肠,但不恰当的放生,反而会变成了"杀生",破坏了生态环境。如果不尊重自然规律,缺乏科学常识,慈悲心可能不会带来期待的善果,甚至好心办了坏事。因此,杜绝巴西龟的放生,是每个公民应该做的事情。

西汉陶龟

唐朝鎏金银龟盒

不产于巴西的巴西龟

作为吉祥四灵"龙、凤、龟、麟"之一，同时又是长寿的象征，龟在宠物中备受喜爱。很多人喜欢在家中饲养各种龟类，而近年来人们饲养最多的就是巴西龟。可是，如果说巴西龟并不产自巴西，你是不是有点儿惊讶？如果说它还是全球100种最具危险性的外来入侵物种之一，你是不是有点儿难以置信？

巴西龟

巴西龟*Trachemys scripta elegans* Wied-Neuwied的"大名"应该叫红耳彩龟，它还有一个常用的名字是红耳龟，其俗称还有麻将龟、七彩龟、秀丽锦龟等，在分类学上隶属于爬行纲龟鳖目龟科彩龟属。

有趣的是，巴西龟的原产地并不是巴西，而是北美洲，从美国南部的密西西比河流域，一直延伸到墨西哥东北部一带。由于我国最先引进巴西龟的地方是台湾地区，所以这个名字也是来自台湾。据说，最早被称作"巴西龟"的宠物龟的原产地，的确是来自南美洲的巴西南部等地，但却是另外一个物种——南美彩龟*Trachemys dorbigni*，它是巴西龟的"近亲"，其外形也跟巴西龟比较相似，尤其是幼龟，只是耳部没有红色的斑纹。后来，由于产量不多、运输成本过高等原因，真正的"巴西龟"——南美彩龟，作为进口我国的宠物已被来自北美洲的红耳彩龟取代，但这种新宠物龟却沿用了"巴西龟"的名称，并且这个名字一直在"以讹传讹"，成为这个物种在民间最广泛的称谓。

巴西龟为什么能"脱颖而出"，稳坐宠物龟的"头把交椅"呢？这就好比偶像剧里的主角一样，"帅""酷"具有极大的"杀伤力"。看看

巴西龟享受日光浴

巴西龟吧：小巧玲珑、色泽艳丽，刚孵化的幼龟更是可爱，有着迷人的绿色背甲和皮肤，甲壳上布满由黄绿色到墨绿色条纹所组成的完美图案。难怪它会受到人们如此的追捧。

成年的巴西龟背甲扁平，为褐色或橄榄色，质感光洁，纹路清晰，背部中央有一条显著的脊棱。盾片上具有黄、绿相间的环状条纹。腹板淡黄色，具有左右对称的不规则黑色圆形、椭圆形和棒形色斑。背甲、腹甲每块盾片中央有黄绿镶嵌且不规则的斑点，壳上的图案由黑色条纹及烟渍状的斑块组成，有时会夹杂着白色、黄色、甚至红色的斑点。除了壳上的图案，巴西龟的头、颈、四肢、尾也布满黄绿

各种水域都是巴西龟的栖息地

水栖昆虫

蝌蚪

螺

鸟蛋

小鱼

巴西龟和它的食物

镶嵌粗细不匀的条纹。最为有趣的是,在它的头部两侧,有2条红色或橘红色的粗条斑纹,显得十分俏丽,与众不同,因此"红耳龟"就成了它第二个叫得最普遍的名字。

巴西龟属水栖性龟类,在自然条件下,可以栖息于湖泊、河流、沼泽等水域,成年个体能生活在比较深的水域,幼龟则喜欢在浅水地带活动。它具有群居习性,喜欢在温暖的阳光下进行"日光浴"。每年11月至次年3月冬眠,4月份开始活动。巴西龟性情活泼、好动,对水声、振动反应比较灵敏,一旦受惊便纷纷潜入水中。它生活的最适温度为20～32℃,当水温在16℃时开始摄食,而温度在11℃以下就会冬眠,6℃以下则为深度冬眠。巴西龟属于杂食性动物,但主要以肉食为主,在它的食谱中包括鱼、虾、螺、昆虫、蝌蚪、蛙、水生植物,以及鸟卵、雏鸟等。巴西龟每次产卵6~11枚,最多可达25枚,孵化期为71~83天。

巴西龟

"宠儿"也会变"魔鬼"

蝾螈

蛙

蛇

蜥蜴

自20世纪80年代开始,巴西龟经香港引入我国各地。由于其生命力顽强,极易饲养,因此在我国国内各养殖场大量繁殖,主要集中在海南、广东、广西、浙江和江苏等省、自治区,并且以每年5000万只左右的速度大量增殖。除此之外,我国每年还要从国外进口大约800万只的巴西龟。

在花鸟鱼虫市场上,商户们密密麻麻摆放出来的宠物群中,最显眼的就是用麻袋、纸箱或脸盆盛装的巴西龟。它们几十个、成百个地挤在一起,在有限的空间中爬来爬去。店主们总是不断地向行人推销:"要想养宠物,就养巴西龟! 很好养。只要稍微用心,就能把它养到脸盆那么大"。

巴西龟不仅在宠物龟中是"一枝独秀",风头还盖过了蛙、蝾螈、蜥蜴、蛇等很多种两栖类、爬行类宠物。巴西龟不仅在市场中销售数量最大,而且价格便宜,铜板大小的几元钱就可以买好几只,盘子大小的也不过几十元。因此,巴西龟可以说是男女老幼"通吃"。当然,也有不少饲养者就是图它便宜,因为即使不小心养死了也不至于太心疼。在网络上分享自己喂养巴西龟经验的帖子比比皆是,有的"爬友"甚至前前后后养过10多只。

令人大跌眼镜的是,市场上小巧可爱的巴西龟竟然能给生态环境带来极大的危害! 这个宠物爱好者的"宠儿"已经成为全球的"通缉犯"。从"宠儿"变成"魔鬼",怎么会有如此大的反差呢? 现在,就让我们在这里细数一下巴西龟的"三宗罪"吧。

第一宗罪：逃逸到野外的巴西龟会打破水域的食物网的平衡，威胁本地龟类以及其他水生生物的生存，是名副其实的"生态杀手"。巴西龟作宠物时走的是"偶像路线"，到了野外则显示了"实力派"本色：它个体大、食性广、适应性强、生长繁殖快、抗病害能力强、易存活。因此，巴西龟在抢夺食物能力方面要强于我国本土的龟类。一旦巴西龟来到自然水体中后，就会大量掠食，如水栖昆虫、小型鱼类、贝类及蛙类的卵、蝌蚪等，甚至连蛇类都难逃其口。

幼龟

这对于本地物种来说简直就是一场浩劫。巴西龟的繁殖周期短、产卵数量多，2岁即可达到性成熟，而本土的龟类往往要到7~8岁才能性成熟。与早早就"子孙满堂"的巴西龟相比，本土龟根本就不是对手。因此，巴西龟可以轻而易举地将自己的后代布满入侵地的水域，抢占大量食物和其他生存资源，使本土龟类和其他物种的生存环境急速恶化，数量急剧减少，甚至走向灭绝。例如，在我国台湾地区，作

听说有"沙门氏杆菌"病毒。

快扔了吧！

人们害怕巴西龟带病菌，就随意将它们扔到野外了

沙门氏菌

沙门氏菌是一类常见的食源性致病菌,即沙门氏菌病的病原体。它是隶属于肠杆菌科的革兰氏阴性肠道杆菌,已发现的有1000多种(或菌株)。沙门氏菌有的专对人类致病,有的只对动物致病,也有的对人和动物都致病。按其抗原成分,可分为甲、乙、丙、丁、戊等基本菌组。其中与人体疾病有关的主要有甲组的副伤寒甲杆菌,乙组的副伤寒乙杆菌和鼠伤寒杆菌,丙组的副伤寒丙杆菌和猪霍乱杆菌,丁组的伤寒杆菌和肠炎杆菌等。感染沙门氏菌的人或带菌者的粪便污染食品,可使人或家畜、家禽发生食物中毒。据统计,在包括我国在内的世界各国的细菌性食物中毒中,沙门氏菌引起的食物中毒常列榜首。

沙门氏菌在水中不易繁殖,但可生存2~3周,在自然环境的粪便中可存活1~2个月。沙门氏菌的最适繁殖温度为37℃,在20℃以上即能大量繁殖。

幼龟

为宠物的巴西龟引进不到20年,就已在台湾定居繁殖并建立野外种群,成为台湾各地最常见的龟类。现在,台湾的基隆河早已被巴西龟"独霸",在整个生态系统中,它们占据的生活空间和食物资源达到了30%到40%。本土的龟类在当地野外很难看到,几近消失。

第二宗罪:巴西龟会造成本地龟类的基因污染。在自然水域中,巴西龟有时还能够与本土的其他淡水龟类杂交。它们这种十分霸道地与本土龟类的"联姻"的行为,不仅导致本土龟类的基因污染、流失,大大影响本土龟类的遗传多样性,而且它们的杂交后代在以后的繁殖中也许会产生新的变异,大大增强其入侵能力,造成不可估量的损失。

第三宗罪:巴西龟是沙门氏菌传播的罪魁祸首。沙门氏菌是一大群寄生于人类和动物肠道内的革兰氏阴性杆菌,不仅能导致动物疾病,还能使人类发生伤寒、副伤寒、败血症、

巴西龟

肠胃炎等疾病。国外曾发生过严重的龟源性沙门氏菌感染人的事件。随着巴西龟作为宠物饲养的数量不断提高，它所携带的沙门氏菌在我国也越来越存在着潜在的公共卫生的威胁。沙门氏菌会出现在带病巴西龟的粪便以及其生活的水域和岸边的土壤中，并且可以自变温动物传播给包括人类在内的恒温动物，并在其中流传。小朋友通常都喜欢把巴西龟幼龟拿在手上玩儿，玩儿后如果没有好好洗

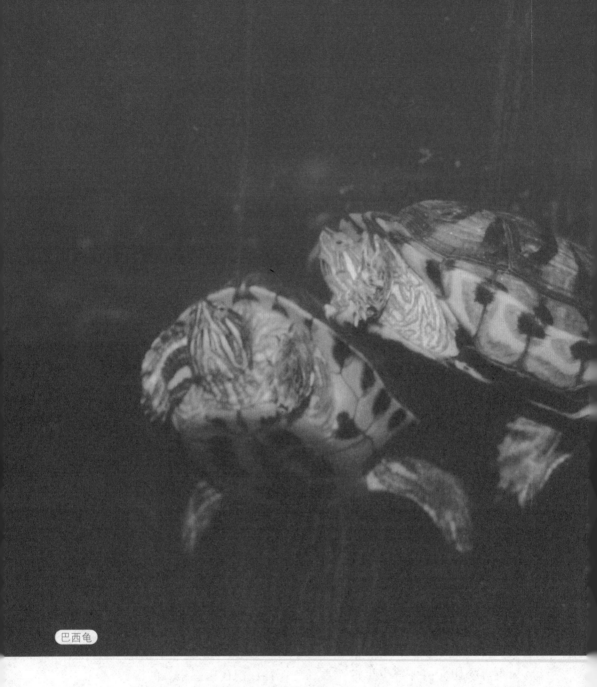

巴西龟

手就吃东西的话,就非常容易被感染。

　　巴西龟这个饲养箱里的宠物,一旦溜进自然水域,就会变成一个彻头彻尾的"魔鬼"。事实上,在各种各样的外来入侵物种中,类似巴西龟这样作为宠物引入的物种,往往更容易令人掉以轻心,结果却会引发巨大的生态灾难。

　　目前,我国至少有超过22个省、自治区和直辖市都有巴西龟野外
分布的记录,大部分集中在中、南部地区,包括昆明的滇池、湖南的湘
江、广东的珠江、广西的漓江、海南的南渡江、上海的苏州河、浙江的
西湖和钱塘江以及长江的江苏段等水域,甚至在云南高黎贡山自然
保护区的怒江江滩上也出现了上千只巴西龟!

被放生野外的巴西龟繁殖力
旺盛,侵占了本土龟的地盘

别让"放生"变"杀生"

从巴西龟的"三宗罪"可以看出,它的主要危害都是进入自然水
体后造成的生态灾难。那么,本来应该生活在人们的饲养箱中的巴
西龟,为什么会大量出现在自然水域中呢?据调查,巴西龟的"出逃"
主要有三个原因:逃逸、弃养和放生。

由于养殖巴西龟的数量极为庞大,所以它的逃逸现象十分普
遍。在我国各地宠物市场中,巴西龟经常被随意地放在脸盆、纸箱、

湖南湘江

塑料盒或麻袋里销售,任其爬动,

因此极有可能造成它们爬出容器,隐匿到市场附近,甚至逃逸到野外的河流、池塘等环境中,导致外来物种入侵。

  饲养巴西龟的爱好者由于各种各样的原因,弃养他们的宠物,也是常有的事情。例如,几年前,当一位男士在北京市朝阳区某河流岸边放生时,他的行为立即引起了当地城管队员的注意。队员们走近一看,原来他正准备将一些巴西龟放入河中。这位男士说,由于他要长期外出,无法照顾自己饲养的这些巴西龟,所以打算让它们"回归自然"。然而,城管队员制止了他的这种行为,并解释说:"千万不能把巴西龟放生到河里,因为它们是危险的外来入侵物种。将它们在河里放生会造成严重的生态危害"。经过耐心的说服工作,这位男士最终把巴西龟交给了城管队员进行妥善处理。

  放生是我国传统民俗,龟类被放生的历史已有一千多年。而近年来在"放生积德,放龟长寿"的口号下,价格低廉的巴西龟成为了人

放生

78

杭州雷峰塔下的放生池

们放生的宠儿。在许多地方,每年清明前后,放生巴西龟俨然成了一种传统,有人一买就是几十只、上百只,通过放生这种形式来"辟邪积德"。例如,在杭州雷峰塔下的放生池内,巴西龟"济济一堂",正惬意地在阳光下晒背;在昆明圆通寺的水池中放生的几百只龟类中,绝大多数都是巴西龟。由于大众积极的放生行为,在全国热门的旅游景点基本上都可看到巴西龟的身影。很多人认为,放生是一种比较环保的做法,对动物好,对生态更好。然而,这不过是放生者缺乏科学依据的主观想象而已。放生虽然是慈悲心肠,但不恰当地放生,反而会变成"杀生",破坏生态环境。如果不尊重自然规律,慈悲心可能不会带来期待的善果,甚至好心办了坏事。

巴西龟所造成的危害在国际上早已受到高度重视,很多国家已经明令禁止巴西龟的进口和贸易。例如,美国早在1975年就开始禁止巴西龟的国内贸易,欧洲于1997年禁止进口巴西龟,韩国也于2001年禁止巴西龟"入境"。相比之下,巴西龟在我国的外来物种入侵形势已经非常严峻,但目前仍没有引起人们足够的重视。我国还没有出台相关的法律法规,因此每年仍有大约数百万只以上的巴西龟通过各种渠道流入国内。

为巴西龟等外来物种的入侵实行立法管理,已是当务之急。

除了用法律法规约束以外,公民的生态保护意识对阻止外来物种入侵、控制疫情蔓延也十分重要。所以,我们必须加大针对外来物种入侵内容的教育和宣传,建立新的生物安全防护道德规范,让人们了解外来物种入侵的危害,进一步规范自己的行为,使每个人都认识到自己担负着控制外来物种入侵的责任。

就巴西龟来说,人们应该首先做到不买、不养,更不能放生,还要告知身边的人,共同对巴西龟提高警惕,举报非法贸易,及时报告发现的野生种群,这样才能逐步遏制其在我国野生环境中的蔓延态势。

(李竹)

深度阅读

徐婧,周婷,叶存奇等. 2006. 龟类外来种的生物入侵隐患及其防治措施. 四川动物,25(2): 420-422.

徐正浩,陈为民. 2008. 杭州地区外来入侵生物的鉴别特征及防治. 1-189. 浙江大学出版社.

史海涛,龚世平,梁伟等. 2009. 控制外来物种红耳龟在中国野生环境蔓延的态势.
  生物学通报,44(4): 1-3.

窦寅,周婷,黄成. 2010. 我国龟科淡水栖龟类主要外来物种调查及入侵风险预测.
  安徽农业科学,38(5): 2401-2403,2405.

徐海根,强胜. 2011. 中国外来入侵生物. 1-684. 科学出版社.

蓖麻

Ricinus communis L.

蓖麻虽然可以带来相当的经济效益，但是大面积种植也加剧了它们逸为野生的风险，如果再因此引发生态灾难，实为得不偿失。作为普通民众，当有机会面对蓖麻时，也请朋友们记住，并告诉身边的其他朋友，不要随便带走蓖麻的种子，即使它们真的很漂亮。

恐怖的蓖麻毒素

恐怖主义是当今社会的头号公敌，没有人可以对此安之若素，即使是被公认为世界上最有权力的美国总统巴拉克·奥巴马。2013年4月17日，负责保卫总统安全的美国特工处发言人埃德·多诺万透露，他们截获了一封寄给奥巴马总统的信件，其内含有"可疑物质"。稍后，美国联邦调查局进一步证实，"可疑物质"含有致命的蓖麻毒素。而在此前一天，美国国会领导人也证实，一封寄给美国密西西比州共和党参议员罗杰·威克的信被截获，其内也检测出带有蓖麻毒素。据称，两封信件上面都写着相同的一段文字。而且两封信的落款都是："我是KC，我批准这一信息"。这一落款与奥巴马去年在竞选广告中的落款只有名字之别。由于4月15日在波士顿马拉松赛事上发生了导致3人死亡和170多人受伤的恐怖袭击事件，这两封信的出现无疑加剧了美国各地的紧张局势。好在这两封信中的蓖麻毒素只是一些粗提物，毒性有限。而且，美国警方行动迅速，于17日即抓获一名嫌疑人，并在27日逮捕了另一名嫌疑人。

一波未平，一波又起。据路透社的消息，2013年5月29日，纽约市长布隆伯格和反对非法枪支市长协会又各收到一封含蓖麻毒素的信件。信的内容跟布隆伯格严厉的禁枪态度有关，其中带有浓浓的恐吓意味。

蓖麻毒素为什么会引起人们如此大的恐慌呢？原来，在蓖麻的种子中含有一种高毒性的糖蛋白，它就是蓖麻毒素。如果人或动物吞下了蓖麻的种子，未在嚼碎或破坏种皮的情况下，这是没有问题的。但是一旦将种皮破坏后，就会造成严重的中毒事件。蓖麻毒素容易损伤肝、肾等实质

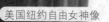
美国纽约自由女神像

84

中空的蓖麻杆

器官,使其发生出血、变性、坏死病变,并能凝集和溶解红细胞,抑制麻痹心血管和呼吸中枢,严重的情况下会导致死亡。蓖麻对人的致死剂量是3～6粒种子,对马的致死剂量约为6粒种子。而如果进行注射的话,仅仅500微克的纯蓖麻毒素就能杀死一位成年人。即使人畜并未吞食蓖麻的种子,但是如果皮肤触碰了种皮损坏的蓖麻种子,也会引起皮肤过敏甚至发炎。因为蓖麻毒素的高毒性以及获取它们的便利性,历史上有一些国家就曾研发以其为主的化学武器。人类社会发展到现代,人们已经形成共识,化学武器的使用是不道德的,因此1992年11月第47届联合国大会上通过了《禁止化学武器公约》,从1997年开始全面禁止化学武器的使用,其中自然也包括了蓖麻毒素的使用。但是这一公约只能制约签约的各国政府,却无法有效地制约恐怖组织或者一些激进的组织和个人,因此世界范围内常常有一些关于利用蓖麻毒素进行威胁的报道。这些活动也反映在我们的文化中,在美剧《绝命毒师》中,男主角瓦特·怀特就制作了蓖麻毒素,准备用于暗杀活动。

蓖麻是一种粗壮的草本植物

蓖麻的种子中含有如此厉害的毒素,是其在长期的进化过程中形成的自卫行为,以保护它们的种子得以顺利发育。那么,蓖麻究竟是什么来头?

挺拔的草本植物

蓖麻*Ricinus communis* L.又称红麻、草麻、八麻子、牛蓖等,在分类学上隶属于大戟科蓖麻属,是一种一年或多年生的草本植物。既然这里说到了大家是再也熟悉不过的草本植物,那么,就先让我们做个游戏吧!请读者朋友们闭上眼睛,想想它们留给了你们什么样的印象。你们最先想到了什么呢?让我来猜猜,大家肯定首先想到了草原,那绿油油的草原多么吸引人呀!厚厚的、软软的草垫诱惑着我们在上面躺一躺,不知道有多舒服呢。阵阵凉风吹来,周围那些身材纤细矮小而柔弱的小草弯下腰,轻轻地拂打着我们的身体,痒痒的,哇,真是爽死了!

带有软刺的蓖麻果实

成熟的蓖麻果实

可惜这不是蓖麻的风格。虽然蓖麻也是一种草本植物,但是它们并不纤弱,它们的茎杆最高可以达到13米,比大多数的草本植物要高多了,甚至也超过了很多灌木、乔木的高度,最高可以长到将近五层楼房的高度。如此挺拔的草本植物,种类并不是很多。可以想象得出,这种植物即使成片生长,也无法提供柔软的垫子供我们休憩。

不过,蓖麻的高度变化相当大。最高的蓖麻出现在热带地区,而且是多年生植物;而在温带地区,因气候条件的限制,它们大都只

蓖麻的雌花和雄花

能长到1.5～2.4米的高度，而且只是一年生。它们的茎杆是中空的，这样的茎杆通常都容易折断，要支撑如此高大的身躯，实属不易。茎折断后，可以看到从茎管中流出一些黄色的汁液。小时候我家门口就有几株蓖麻，我有时就会把茎杆折断了，用手蘸着它的汁液画着玩。它的茎杆也有分枝，但是通常发生在植物的上半部分。叶片互生，轮廓为近圆形，具有长长的叶柄，长宽大都在15～45厘米范围之内，盾状，常5～12裂，裂片边缘具有不规则的锯齿。蓖麻的叶柄与茎杆一样也是中空的，长可达40厘米，顶端具有2枚盘状腺体。圆锥花序着生于茎杆顶端，花单性，无花瓣，生长在花序上部的是雌花，花柱为红色，非常漂亮，雄花则位于花序的下部，呈淡黄色。果实则为蒴果，大都有刺，但是它们的刺与板栗的刺不同，软软的，并不扎人。种子的种皮非常硬，有光泽并有黑、白、棕色斑纹。记得小时候没有玩具，而蓖麻种子的表皮有这些漂亮的斑纹，比起石头来好看多了，而且也轻，因此也是那时候经常收集的一种玩具。蓖麻另外一个较为明显的特征就是小枝、叶和花序表面通常覆盖一层白霜。

　　由于蓖麻长得高大，所以很多小朋友都会误认为它们是树，并爬到上面玩耍，而这是非常危险的。因为蓖麻毕竟是草木植物，没有与木本植物类似的木质部，要支撑其大量的叶片已属不易，如果再加上一个人的重量，就会超过它们的负荷能力，尤其是它们的枝杈更是容易被折断，从而使得爬上去的人摔下来。它们的外表虽然挺拔，但是"内心"其实非常脆弱。

　　作为草本植物，蓖麻的一大特征是它的生长速度特别快，《约拿书》中讲到的一个故事反映了蓖麻的这一特征。约拿应耶和华所嘱前往尼尼微传道，因为那里的人太邪恶了，开始约拿非常不情愿去，并逃往他施，因此受到了耶和华的惩罚。

89

《圣经》

没办法,约拿只好前往尼尼微,在大街上宣告说尼尼微再过四十天就要倾覆了。尼尼微城的居民听了约拿的宣讲,纷纷悔改并表达皈依上帝的决心,国王也下令禁食,因此耶和华大发慈悲,没有将灾祸降临该城。但是约拿对此忍无可忍,因为他早就预见到了这种结果并因此逃往他施,反而被耶和华惩罚。一气之下,约拿决定不再插手尼尼微的事情,他跑到城外,在东边搭了一个棚,坐观事情的发展。耶和华让约拿的身边生长起一株蓖麻,使其高过约拿并为其遮阴。约拿大为高兴。孰料,耶和华第二天又安排了一只虫子去啮咬蓖麻,使之枯死。约拿再次受到风吹日晒之苦,因而向耶和华求死。耶和华便说:"这蓖麻不是你栽种和培养的,一夜生长,一夜枯死,你尚且爱惜,而尼尼微城有数万居民和牲畜,我岂能不爱惜?""一夜生长"的奇迹虽说是借助了耶和华的意志,但是耶和华选择蓖麻自有其道理——这在客观上说明了蓖麻生长速度之快。

来自非洲的入侵者

对植物世界稍微多了解一些的朋友一定猜到了,这么高大的植物,尤其是草本植物,而且生长得这么快,它们是热带地区的"特产"吧?一点也没错,蓖麻的原产地的确是在热带地区,或者更具体一点地说,是在非洲东部和中东,有可能是肯尼亚或索马里这两个国家。但是也有学者指出,伊朗和约旦等国家也在蓖麻的自然分布范围之内。

基于基督教在人类文明史上的影响力,任何一种东西只要在《圣经》中出现,它加诸人类的影响便难以估量。蓖麻便是这样的一种植物。尽管我们知道,肯尼亚和索马里都是目前世界上最贫穷的国家,人们难以想象可以从其中向世界上输出多少有价值的东西,但是,蓖麻却走向了全世界。目前,蓖麻已经遍布全球热带地区,在气候适宜的广大亚热带甚至温带地区,也有大量的蓖麻分布。世界七大洲除了南极洲外均可见到蓖麻的身影,而且它们也成功地登陆了太平洋的诸多岛屿。蓖麻成功地扩散至如此广大的地区,是否与《圣经》有关,不得而知。但是,蓖麻从非洲经由亚洲先扩散至南、北美洲,再传入欧洲以及世界各地,应是没有疑问的。

现在,蓖麻在原产地之外区域的分布已经远远超过了原产地。全世界蓖麻的种植面积已达大约1650万亩,但是主要集中在印度、巴西和中国,这些国家蓖麻的产量占到全球蓖麻总产量的90%以上。我国每年种植蓖麻面积约为300万亩,其中内蒙古、吉林、山东和山西是主要的种植区,占全国蓖麻种植面积的80%。但是,蓖麻并不仅仅局限于上述地区,事实上,蓖麻在我国的分布区域十分广阔,从最南端的海南到最北端的黑龙江,均有分布。基本上可以确定,中国的蓖麻乃是由印度传入,成书于唐朝的《新修本草》就记载有蓖麻籽。因此,蓖麻进入中国至少有1000多年的历史了。

《新修本草》

虽然蓖麻的原产地是在热带地区,但是它的适应能力十分惊人。它在热带地区多年生,最高能长至13米,而在温带地区则变异为一年生,仅有1.5米的高度。其生活习性的可塑性如此之强,也是蓖麻在世界各地成功的关键因素之一。

蓖麻来到了新地盘并扎下根后,给当地的其他物种造成了不小的影响,最明显的就是动物取食问题。在它的原产地,由于长期共处的原因,相邻物种都清楚相互的禀性,因此动物们要么对蓖麻有毒的种子避而远之,要么它们就会进化出有效的方法解除蓖麻种子的毒性,这样就可以安全地进食。总之,蓖麻不会给它们造成任何麻烦。但是,当蓖麻来到新的地盘后,当地的动物并不清楚这种植物的毒性,由于没有选择压力,它们的体内也不太可能具有解毒的机制,因此在食物紧张的季节里难免会出现误食蓖麻并致死的情况。即使具有极强的学习能力的人类,也时有蓖麻中毒的。

路边的蓖麻

对当地动物的威胁如此，蓖麻对当地的其他植物来说亦非善类。它们首先通常在靠近溪流和排水沟等有水源的地方落脚，并逐渐取代当地的其他物种而成为优势种群甚至单一种群，使当地物种的分布区缩小，其基因多样性随之降低，当环境条件发生较为剧烈的变化的时候，由于基因库储备不足而面临灭顶之灾。因此，蓖麻就是一个入侵者，排挤当地"居民"，迅速地扩张自己的地盘。

这一切是怎样发生的呢？原来蓖麻有其一系列的优势。其中的四种优势前文已经提到了，那就是生活习性的高可塑性、快速的生长速度、高大的植株以及剧毒的种子。很明显，种子的毒性会使得它们的天敌比其他植物少。由于它们的生长速度要比当地其他植物快，蓖麻很快就超过了当地植物，伸枝长叶后将阳光遮挡，让其他植物的种子无法发芽，或者即使出芽后因为无法获得足够的阳光也无法生长。蓖麻还有另外一种优势。当它们所在地方过火之后，蓖麻的种子比其他植物的种子更早萌发。因此，通常是在那些存在人为干扰的生境中，它们会更加迅速地取代当地物种。

除了上述的优势外，蓖麻还有一些特征会帮助它们在新地盘上实现扩张。首先，蓖麻可以结出大量的种子。比如，一棵高约8米的植株总共可以产生达15万粒种子。如此巨量

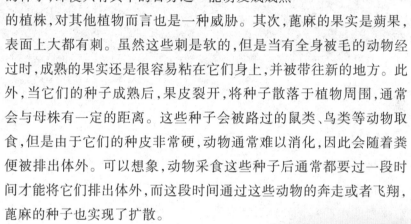

蓖麻籽

的种子，即使只有其中的百分之一能萌发成成熟的植株，对其他植物而言也是一种威胁。其次，蓖麻的果实是蒴果，表面上大都有刺。虽然这些刺是软的，但是当有全身被毛的动物经过时，成熟的果实还是很容易粘在它们身上，并被带往新的地方。此外，当它们的种子成熟后，果皮裂开，将种子散落于植物周围，通常会与母株有一定的距离。这些种子会被路过的鼠类、鸟类等动物取食，但是由于它们的种皮非常硬，动物通常难以消化，因此会随着粪便被排出体外。可以想象，动物采食这些种子后通常都要过一段时间才能将它们排出体外，而这段时间通过这些动物的奔走或者飞翔，蓖麻的种子也实现了扩散。

一些细心的朋友可能会问了，蓖麻种子不是有毒吗，动物怎么会吃它们呢？这里有两个原因，一是新地方的动物以前没见到过这种植物，并不知道它有毒，因为它没有将有毒的标签贴在身上；二是如果种皮保持完好的话，蓖麻种子里面的毒素是释放不出来的。因此，只要动物们不咀嚼，囫囵吞枣式地将其吞掉，就是安全的。蓖麻的种皮很硬，经过动物的肠道后，将有利于它们的萌发，因此，这些动物在不

蓖麻果实

蓖麻幼苗

知不觉中帮了蓖麻的大忙。

由于有厚厚的种皮保护，蓖麻的种子也可以在水中存活相当长的时间，因此，水流通常也会将这些种子带往新的环境。一些偶然因素也将帮助蓖麻实现种子的传播。当人们经过的时候，尤其是好奇心强烈的小朋友，通常都难以抵挡蓖麻种子种皮上的那些漂亮花纹的诱惑而将它们装进自己的口袋。事实上，我本人在小时候就积攒了不少这种漂亮的玩意儿。如果路过的人刚好脚上还有泥巴的话，这些种子也是不会放过这些机会的，它们会粘在脚上而由路人带走。

由此可见，蓖麻似乎天生就是一个入侵者，凡是有助于它们进行扩张的特征，它们都拥有了。但是，我在这里想说的是，在蓖麻的扩张过程中，其实人更是不可缺少的一个因素。如果大家有机会，亲自去考察一下蓖麻扩张的情况，那么，有心的人一定会发现，蓖麻强势生长的地方基本上都是人为干扰相对较多的地方，比如公路及排水沟的两边。相反，在人为干扰较少的环境中，例如原始森林，大家基本上不会找到这种植物。由此可见，人类为蓖麻的入侵和拓殖作出了重要的"贡献"。

说到这里，我想不少朋友心里都会产生一个疑问：人类为什么要帮助像蓖麻这样的入侵者呢？答案只有一个，那就是所谓的"经济

94

利益",而这是一种彻头彻尾、自私自利的贪欲。

翻身之战

　　曾几何时,蓖麻与豺狼、乌鸦一起被称为最下贱的生物,但是现在蓖麻是人类社会最受欢迎的植物之一。这场翻身仗的秘密就在于人类所谓的"经济利益",而这一切与一种被称之为"蓖麻油"的东西有关。

　　蓖麻油是一种提炼自蓖麻种子的植物油。它并不是单一化学物质的称呼,而是多种化学物质混合在一起的复合三酸甘油酯,蓖麻籽油酸是它的主要组成部分,占其中的80%～85%;其次是油酸和亚油酸,分别占7%和3%左右;剩下的还有少量棕榈酸和硬脂酸等。像我一样,有许多朋友对这些化学物质可能完全没有感觉。但是,在另一些人的眼里,他们可能感觉到了非常重要的信息。

　　在植物世界,可用于提炼植物油的物种有成千上万,但是能与我们的日常生活发生密切关系的植物油则只有少数几种。比如我们平时在超市看到的花生油和大豆油,就分别来自花生和大豆,是我们日常生活中常见的食用油。而蓖麻油,则是我们常见的工业用油。蓖麻和花生、大豆等并列为十大油料作物。

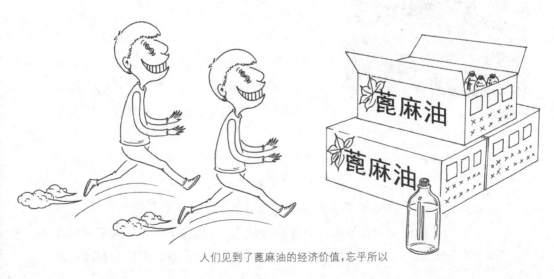

人们见到了蓖麻油的经济价值,忘乎所以

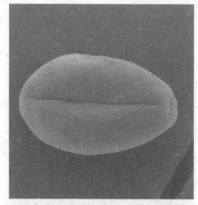

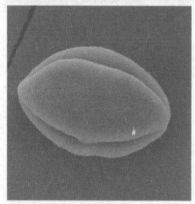

蓖麻花粉电子显微镜图

蓖麻籽的含油量一般在50%左右。蓖麻油的熔点为−18℃,沸点为313℃,在这个温度区间内,它将保持接近透明的液体状态,且不易挥发,在500~600℃高温下也不变质、不燃烧,是一种非常稳定的油脂,因此被用于高级润滑油的生产;另外,在化工、冶金、机电、纺织、印刷、染料等行业,广泛用于助染剂、润滑剂、增塑剂、乳化剂和制造涂料、油漆、皂类及油墨的原料。司机朋友们使用的刹车液中,也有可能含有蓖麻油。

随着工业的发展,以及全球人口流动性的增加,人类社会对润滑油、涂料等原料的需求急剧膨胀,这就给蓖麻的种植带来了极强的驱动力。现在全世界每年需要蓖麻油70万吨,折合蓖麻籽160万吨,主要进口国家是工业发达国家,其中法国、美国、德国、英国、荷兰五国占年耗油量的61%,而美国已将蓖麻油列为八大战略物资。蓖麻油的一系列深加工产品涉及医药、航空、军事、精细化工等高新技术领域,而法国已经将利用蓖麻油生产尼龙11树脂的技术列为国家一级机密。面对如此广阔的市场和经济利益的诱惑,人们根本就没有任何免疫力,尤其是发展中国家纷纷在自己的国内开辟蓖麻种植产业。正如前文所述,三大发展中国家,中国、印度和巴西蓖麻的产量占到了全球蓖麻总产量的90%以上。

因为国际市场蓖麻油的需求量大,而供应量严重不足,加上蓖麻单位面积的产量偏低且波动性较大,因此除了各国扩大蓖麻的种植面积外,还纷纷对蓖麻的品种进行改良,希望能大幅度地提高蓖麻产量。蓖麻属本身仅蓖麻1种,但是人们利用各种技术手段,培育出成百个品种。这些品种可以在热带以外的地区生长良好,甚至具有一定程度的抗逆性,如抗旱和抗寒,因此借助于人类的力量,它们成功地扩张到了温带地区和干旱地区。

目前,许多国家都有各自的蓖麻种植基地、研究机构和加工企业,他们纷纷发表文章介绍自己的种植经验和研究成果,并建立了无数的网站进行推介,而企业也在网上售卖他们的产品。科学技术的发展,在不经意间就成了植物入侵和扩张的工具。

从草到药

当然,必须承认,蓖麻进入中国,并非完全是经济利益上的原因,起码最开始的时候不是。因为蓖麻从印度进入中国的时候,我们还完全处于农业社会,也没有认识到蓖麻蕴藏着如此大的经济潜力。事实上,蓖麻进入中国很可能是出于药用的需要。在我国的古代文献中,对蓖麻只提到了其药用价值,其他方面则未见任何信息,足可以证明这种可能性。

蓖麻

前文提到，早在1000多年前成书的《新修本草》即载有蓖麻籽一方，言："主水症，水研二十枚服之，吐恶沫，加至三十枚，三日一服，瘥则止"。水症就是我们平常所说的腹胀、便秘，将蓖麻籽碾碎喝下去之后即可通便。那时人们已经意识到蓖麻籽"有小毒"，服下之后"吐恶沫"，其实正是蓖麻中毒的表现。因此，把蓖麻籽作为内服药其实不是很明智。

用作药物的蓖麻籽

除了"主水症"外，蓖麻籽还"主风虚寒热"，如果身上长疮，即可以榨取蓖麻油涂抹之。这其实是把蓖麻油作为皮肤润滑剂用于治疗皮炎和其他皮肤病。这种外用方式稍加注意的话，还是比内服安全一些。

从《新修本草》始，至明朝李时珍编撰的《本草纲目》，再到清朝吴其濬所撰《植物名实图考长编》均对蓖麻籽的入药价值进行了记述，可见蓖麻在我国传统药用方面的价值。这样，也就很容易理解，为什么在南方的农村许多人的房前屋后会有零星的蓖麻了。

在我国傣族的传统药方里，蓖麻被称为"麻烘娘""麻烘嘿亮"，也是用于治疗便秘和腹痛、腹泻等病。在云南西双版纳傣族聚居区，蓖麻的植株部分（除果实以外）还用于治疗黄疸性肝炎。

但是因为蓖麻毕竟有剧毒，因此它们作为中草药的价值已经渐渐地淡出舞台，取而代之的，是其他方面的经济效益。

趋利避害

行文至此，我想朋友们已经明白，我们没有任何理由对蓖麻进行指责，因为责任其实在于我们人类自身。事实上，如果我们有能力把蓖麻局限于种植区，事情也不会如此麻烦。但是问题常常不会是这么简单——总有一些漏网的鱼。基于前面所述的原因，一旦蓖麻

高大的蓖麻

99

蓖麻苗

从种植区逃逸并成功定植,它们对当地生物将造成巨大的伤害,因此必须采取果断的措施将其移除。

最直接有效的方法首先是将其拔除,连根拔掉后迅速种上其他的植物。但是在一些地方不太容易拔除,而且有时蓖麻长得太高大了,它们的根系也很发达,要彻底清除会存在不少困难。在这种情况下,可以先将茎秆伐倒,然后施放适量的除草剂,并在后续时期要坚持监测，及时拔除新长出来的幼苗。

当植物入侵的行为已经发生的时候，要清除毕竟费时费力，而且效果还不一定好，因此最好的办法还是以预防为主。要做到有效地预防，政府和普通民众都必须对蓖麻的经济价值和入侵危害有一个清醒的认识。

在政府作决策时应当清楚，蓖麻虽然可以带来相当的经济效益，但是蓖麻的大面积种植也加剧了它们逸为野生的风险，如果再因此引发生态灾难，其实得不偿失。作为普通民众，要尽量确保我们周围的环境不被破坏。因为存在人为干扰的环境，外来物种入侵的机会就越大。当有机会面对蓖麻时，也请朋友们记住，并告诉身边的其他朋友，不要随便携带蓖麻的种子，即使它们真的很漂亮。尤其是小朋友要记住，蓖麻的种子具有蓖麻毒素，非常危险。如果有些朋友真的无法抵御那些漂亮图案的诱惑，真心想收藏一些蓖麻种子，那么，请你记住，第一，请你妥善地将它们收藏好，放在小孩和宠物碰不到的地方，以免发生误食；第二，请你不要随意抛弃，如果你已决定不再收藏，请你将它

> 孩子，这个有毒！

> 这个种子真好看，我们把它带回家吧。

孩子看到蓖麻的种子非常美丽，想要把它们带回家

蓖麻果实

们妥善处理，比如将其碾碎或者烤熟，这样它才会失去萌发的能力，即使抛弃在野外，也不会对当地的物种造成威胁了。永远记住，保护身边的其他物种，就是在保护我们人类自身。

最后，再告诉大家处理蓖麻中毒的一些方法。

毫无疑问，有病人出现的时候，我们首先应当及时送医院就诊。只有当没有条件就医的情况下，才开始考虑下面的方法。

首要的问题是先确定病人是否属于蓖麻中毒。蓖麻中毒后不会立即出现症状，而是要过一会儿才会出现症状，这要取决于病人的接触方式和摄入量。吞食含蓖麻毒素的物品后出现症状的时间会稍快些，一般不到6个小时就会有带血性呕吐、腹泻等症状出现，有的还会出现幻觉和尿血等症状，并造成身体脱水和低血压。若是吸入蓖麻毒素，则要在8小时后才会出现相关症状，包括呼吸困难、发烧、咳嗽、恶心和胸闷，接着是大量出汗，严重者导致肺水肿。若是皮肤或眼睛接触了粉末状或薄雾状的蓖麻毒素，则会导致皮肤与眼睛变红和疼痛。出现这些症状后，要请病人仔细回想在相应的时间之前是否接触或摄入了可疑物质。

确定是蓖麻中毒后，对不同的中毒方式应当采取不同的方法。

若是吸入性中毒,应立即转移至空气流通的区域,让患者呼吸新鲜空气。若是接触性中毒,应当立即脱掉衣服,并用大量的肥皂水清洗身体。若是眼睛中毒,则用大量清水冲洗眼睛。在这些过程中,所有人都应当避免直接接触患者的衣服和皮肤。若是吞食中毒,应口服乳汁和鸡蛋清以保护胃黏膜,同时注意要让患者喝盐水,防止身体发生脱水。做好这些保护性措施后,还是必须尽快送医院就诊,因为许多药品只能在医院里才能找到。

好了,祝朋友们一生平安!

（黄满荣）

外来物种和外来入侵物种

外来物种是指在一定的区域内,历史上没有自然分布,而是直接或间接被人类活动所引入的物种。当外来物种在自然或半自然的生境中定居并繁衍和扩散,因而改变或威胁本区域的生物多样性,破坏当地环境、经济甚至危害人体健康的时候,就成为外来入侵物种。

深度阅读

李振宇,解焱. 2002. 中国外来入侵种. 1-211. 中国林业出版社.

田家怡. 2004. 山东外来入侵有害生物与综合防治技术. 1-463. 科学出版社.

徐正浩,陈为民. 2008. 杭州地区外来入侵生物的鉴别特征及防治. 1-189. 浙江大学出版社.

徐正浩,陈再廖. 2011. 浙江入侵生物及防治. 1-353. 浙江大学出版社.

徐海根,强胜. 2011. 中国外来入侵生物. 1-684. 科学出版社.

谢贵水,安锋. 2011. 海南外来入侵植物现状调查及防治对策. 1-118. 中国农业出版社.

万方浩,刘全儒,谢明. 2012. 生物入侵:中国外来入侵植物图鉴. 1-303. 科学出版社.

鳙鱼

Aristichthys nobilis (Richardson)

高原湖泊等相对较为封闭的生态系统，由于长期缺少生物竞争，其鱼类竞争力弱，外来鱼类进入后更易成功入侵。因此，对这样的水体生态系统进行引种增殖时，人们需要审慎对待，以免背离引种增殖的最初目的。

鳙鱼的"崛起"

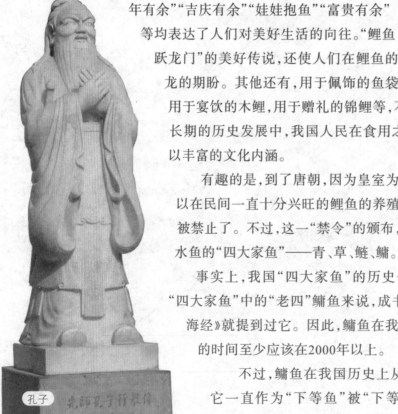

鲤鱼

在我国历史上,最名贵的淡水鱼是鲤鱼。"四大家鱼"中的鳙鱼与之相比,真如萤火之光比皓月之明。

春秋时,孔子的夫人生下一个男孩,恰巧有人送几尾鲤鱼来,孔子"嘉以为瑞",于是为儿子取名鲤,表字伯鱼。民间艺术品中的鲤鱼图案更是无所不在,窗花剪纸、建筑雕塑、织品花绣、器皿描绘等,到处可见鲤鱼的形象。"连年有余""吉庆有余""娃娃抱鱼""富贵有余"等均表达了人们对美好生活的向往。"鲤鱼跃龙门"的美好传说,还使人们在鲤鱼的身上寄托了望子成龙的期盼。其他还有,用于佩饰的鱼袋,用于墓葬的玉鲤,用于宴饮的木鲤,用于赠礼的锦鲤等,不胜枚举。可见,在长期的历史发展中,我国人民在食用之外,还赋予了鲤鱼以丰富的文化内涵。

清朝连年有余长命锁

有趣的是,到了唐朝,因为皇室为李姓,为了避讳,所以在民间一直十分兴旺的鲤鱼的养殖、捕捞、销售等统统被禁止了。不过,这一"禁令"的颁布,却催生出了我国淡水鱼的"四大家鱼"——青、草、鲢、鳙。

事实上,我国"四大家鱼"的历史也十分悠久。就拿"四大家鱼"中的"老四"鳙鱼来说,成书于西汉以前的《山海经》就提到过它。因此,鳙鱼在我国的历史上"露面"的时间至少应该在2000年以上。

不过,鳙鱼在我国历史上从来就没有辉煌过,它一直作为"下等鱼"被"下等人"享用。它从来

孔子

就是只属于寻常百姓的鱼。即使在近现代的城市中，在相当长的一段时间里，无论在什么档次的餐馆中，都见不到鳙鱼的影子。鳙鱼只能在集市上出现。可是，几十斤的鳙鱼放在农家大铁锅炖上几个小时，出锅后的那个香味绝对不是城里人能够想象得到的。鳙鱼像是深谙世俗之道的鱼，默默无闻，自得其乐。与其被食客品头论足，不如在江湖里逍遥自在。于是，鳙鱼一直没有飞黄腾达，一直没能被富人们接纳。

青鱼

草鱼

鲢鱼

鳙鱼

"四大家鱼"

不过，世上有人喜欢阳春白雪，自然也有人喜欢下里巴人。鳙鱼也有其他鱼类所无法比拟的优势，那就是它的"大头"，并因此得到了胖头鱼、大头鱼的民间称谓。鳙鱼的鱼头肉质细嫩、营养丰富，除了含蛋白质、脂肪、钙、磷、铁、维生素B_1，它还含有鱼肉中所缺乏的卵磷脂及丰富的不饱和脂肪酸。因此，常吃鱼头不仅可以健脑、延缓脑力衰退，还有软化血管、降低血脂的作用。明朝李时珍在《本草纲目》中说："鲢之美在于腹，鳙之美在于头"。由此可见，鳙鱼的"大头"在古时候便以其味美而令人折服了。

鳙鱼真正辉煌起来，已经是20世纪80年代中期以后的事情了。随着我国市场经济的快速发展，人们的消费心理也在不断地变化。

鱼头泡饼

因此,淡水鱼的座次也发生了显著变化,鳙鱼以及草鱼逐渐占据头两把交椅。其中草鱼是凭借着"水煮鱼"横扫大江南北;鳙鱼则借助湘菜"剁椒鱼头"、川菜"火锅鱼头"而占据了霸主地位,成为众多酒楼、饭馆的招牌菜式。

自然的生活

剁椒鱼头

鳙鱼*Aristichthys nobilis*(Richardson)也叫花鲢、胖头鱼、黑鲢、黄鲢、松鱼、鳙鱼、大头鱼,在分类学上隶属于鲤形目鲤科鲢亚科鳙属。鳙鱼有两大两小:头大、口大,眼小、鳞小。它的头约占体长的三分之一,身体侧扁,无须。从腹鳍到肛门前有腹棱。胸鳍长,末端远超过腹鳍基部。

鳙鱼外形与鲢鱼相似,但身体颜色比鲢鱼暗,背上有不规则的黑斑,所以又叫花鲢。在相同的水域中它比鲢鱼生长快。它属于滤食性鱼类,以浮游动物为主,兼食浮游植物。鳙鱼喜欢群体活动,也常混迹于鲢鱼群中。它的性情比较温和驯顺,行动缓慢,并无浮躁和喜欢跳跃的表现。

鳙鱼的鳃耙细长而排列紧密,但没有骨质桥,也没有筛膜,因此滤水作用较快,滤集浮游动物的能力较强。从鳙鱼的摄食特点可以看出,它是一种不断摄取食物的种类,在浮游生物的生长季节内,只要嘴不断张开闭合,食物就会不断地随水进入口腔。与其捕食的情况相适应,鳙鱼的肠管长度一般为体长的5倍左右。它是一种中上层的鱼类,食物的主要组成是轮虫、甲壳动物的枝角类以及桡足类,也包括多种藻类,从个体数量上看,藻类往往多于动物性食物;但从体积上来看,动物性食物仍占主要成分。鳙鱼的鳃耙间距为57～103微米,浮游植物的体积一般都小于57×33微米,而大多数浮游动物的体积则大于103×41微米。当鳙鱼滤取水中浮游植物和浮游动物时,大多数浮游植物会漏出去,而大多数浮游动物则被滤食。

鳙鱼自然分布于我国海河、黄河、长江、钱塘江、珠江流域。与鲢鱼、草鱼相比,鳙鱼自然分布相对较窄。虽然在我国南北各省的各大水系均有鳙鱼分布,但它以长江流域中、下游地区为主要产地。

在自然条件下,鳙鱼与其他家鱼一样,其性腺在静水中可以发育,但卵子成熟却需要江河等流水环境和水位上涨等生态条件。鳙鱼生长到4～5龄时发育成熟,亲鱼需要到江河的中、上游寻觅繁殖场产卵。在天然江河中,体重31千克的亲鱼,怀卵量可达346万粒。一般在5～7月,当江河水温为20～27℃时,亲鱼于急流有泡漩水的江段繁殖。鳙鱼的卵受精后顺水漂流发育,回归下游,并孵化出鱼苗。幼鱼一般到沿江的湖泊和附属水体中肥育,到性成熟时再到江河中去繁殖。冬季,它们大多栖息于河床和较深的岩坑中越冬。在天然江河、湖泊中,鳙鱼比较大的个体可以长到30～40千克,最大个体可达50多千克。

鳙鱼

鳙鱼的土著群体以长江群体数量最大。长江流域提供了更适合鳙鱼生存、生长与繁育的自然生态条件，使得长江群体迅速扩张而形成了较大的种群。不过，由于受过度捕捞、水质污染、兴建大坝等影响，自20世纪60年代以来，长江鳙鱼天然鱼苗、成鱼产量均呈下降的趋势，而三峡大坝的建成蓄水更加剧了长江鳙鱼自然群体衰退的局面。

长江三峡

失之东隅,收之桑榆。虽然自然种群不断衰退,但由于鳙鱼具有生长快、疾病少、不需专门投饲的特点,捕捞也比鲢鱼方便,能适应池塘、湖泊、水库等各种水体,因此鳙鱼的饲养很普遍。鳙鱼养殖最适宜的温度是18~28℃,喜欢较肥的水体,宜喂食人工配合饲料。在人工施肥的池塘,鳙鱼的生长情况则依各地的气候及水中饵料的生物丰度而有一定程度的差异。当年的鳙鱼种苗可达到13厘米以上,2

鱼塘

龄鱼可达0.5～0.75千克,3龄鱼可达1.5～2.5千克。从前,鳙鱼在静水中不能自然繁殖,人工养殖的鳙鱼鱼苗均是从长江和西江等水域捕获的。20世纪50年代后,池养鳙鱼人工繁殖获得成功,结束了世代依赖江中捕捞鱼苗的历史,为水产养殖和生物防治等为目的的鳙鱼大规模引种提供了条件。鳙鱼最适的繁殖年龄雌鱼为5龄以上,雄鱼为4龄以上。最适的亲鱼体重最好在7千克以上。人工催产季节为5月中旬到6月上旬,体重8千克的亲鱼怀卵量可达108万粒。在池塘中,鳙鱼较大个体一般为10～15千克,其寿命可达10至15年。

凶猛的入侵

自20世纪中叶开始,原产我国的"四大家鱼"通过人类活动,已分别从东亚的自然分布区广泛移植到亚洲、欧洲、美洲、非洲等地的很多国家和地区。其引种的目的,一是水产养殖;二是生物防治,即控制水体中的藻类等。例如,苏联于1940～1950年大规模引种我国的鳙鱼和其他"四大家鱼",再辗转匈牙利等东欧国家,并传播到多瑙河流域。人类的引进活动已经使鳙鱼从东亚特有种变成在世界范围分布的种类,呈现了新的自然分布格局,并对世界各地的经济生产、自然生态产生了重要的影响。

总体来看,鳙鱼引种移植为世界各地提高淡水鱼产量、改善水质发挥了积极作用。但是，鳙鱼一不小心成了"过江猛龙"，开始在世界各地翻江倒海，当起了一方霸主。在多瑙河、密西西比河等地，鳙鱼海外移居群体在自然生态条件适宜、捕捞压力小、与当地种竞争中处于优势的条件下，群体迅速扩张，资源量急增。因此，鳙鱼在很多地方已被视为重要的外来入侵物种。

在外来物种入侵的过程中，自身的繁殖力是一个关键因素。繁殖力越强，入侵的潜力就越高，成功入侵的可能性也就越大。在引入地已成功建群的"四大家鱼"都具有很高的繁殖力，而且同它们个体的体长、体重和年龄成正比。例如，在俄罗斯的捷列克河，首次性成熟的鳙鱼的怀卵量一般可达28万粒，而最高可达186万粒。另外，鳙鱼也具有很强的生境适应能力，这有利于它们在新栖息地的生长、发育和建群。鳙鱼对溶解氧的最低需求是0.5毫克/升；生存的温度范围是4～38℃，产卵孵化的温度范围是20～30℃，最低温度为18℃；它们能耐受的盐度是15‰～20‰，对于pH值的耐受性为6.5～9.2。而这些环境条件在世界上广阔的亚热带和温带地区都广泛存在。

鳙鱼还有一个绝活，就是摄食会根据季节发生变化。它的幼鱼以原生动物和浮游动物为主要食物，随后摄食枝角类和浮游植物，稍大时以较大的浮游动物和浮游植物为食。它和其他家鱼一样，不但在生长的不同阶段可转换食性，也可因食物来源的丰寡而变换食物。这一特性有利于鳙鱼适应新生境，建立野外种群。

入侵种群一般是由少数的引进个体发展而来的，这些起"奠基者"作用的入侵群体与其原产地群体相比，遗传多样性相对较低，这通常被认

鱼饲料

113

为不利于群体发展。但鱼类的核基因组较其他脊椎动物具有更多的易变性。鳙鱼在我国不同群体的遗传结构具有差异性，较易于适应引入地的环境变化，这也是鳙鱼引种成功率较高的原因之一。

但是，鳙鱼也有"死穴"。"四大家鱼"在引入地成功建群的必要条件，是新栖息地能否提供其成功繁殖的自然条件，即要有一定流量、流速、且足够长的河道。"四大家鱼"产半浮性卵（漂流性卵），产卵、孵化和发育均需要流水环境，以保证受精卵不至于沉入水底，并获得充足的氧气。其中，鳙鱼繁殖所需要的河流最小长度是50千米，受精卵孵化所需最小流速是0.45米/秒。倘若河道长度不够，受精卵不能获得足够的漂流时间，或水流低于最小流速，受精卵沉入河底，胚胎发育受阻，都不能孵化出鱼苗。世界各地引进的"四大家鱼"如果被严格控制在池塘、湖泊和水库等封闭的水域，由于缺乏性腺和受精卵发育所必备的水文条件，种群最终会从这些水域中消失。但由于管理疏忽或自然灾害，有些个体逃逸或被释放到野外，它们就会在自然水域中建群。目前，鳙鱼在被引入的77个国家和地区中，已经建群的有33个，另外还可能建群的有4个。美国引进的鳙鱼在20世纪80年代就出现在密西西比河中，并迅速建群、扩散和扩张，于1989年开始自然繁

美国的河流

殖,现已遍布密西西比河流域,成为高度危险的外来入侵物种。

其实,鳙鱼入侵的成功,除了其自身的高繁殖力、宽广的生理耐受性和食性,以及遗传结构多样性等得天独厚的内在条件外,选择什么样的战场和时机也很重要。

淡水鱼成功入侵的一个重要因素是入侵地与原产地的气候相似程度高。"四大家鱼"的自然地理分布区为北纬22°~40°和东经104°~122°,最北不超过北纬51°,最南不到北纬19°。其中,鳙鱼虽然被传播到世界很多个国家和地区,但成功建群的80%处于北纬20°~50°的范围内,如它在欧洲多瑙河、北美洲密西西比河和日本利根川河等地成功建立了自然繁殖群体。这些地区的纬度都与鳙鱼的自然地理分布区的纬度大致相当,因此可能由于其气温、降水和季节变化等因素与原产地更为相似,增加了其由外来物种成为入侵物种的概率。

"四大家鱼"的成功入侵,还与入侵地的食物丰度具有相关性。密西西比河中部浮游植物生物量较高,高密度浮游生物的环境有利

鳙鱼

于它的幼鱼的快速生长,增加种群数量,提高了入侵成功的可能性。此外,科学家利用超声遥感技术监测鳙鱼在美国伊利诺斯河的活动规律时发现,它们常进入一些水流速度相对较慢的水域,而这些水域通常具有较高密度的浮游生物。

有一个非常值得注意的现象是,鳙鱼与鲢鱼之间也发生了微妙的关系。说"同是天涯沦落人"也好,说"他乡遇故知"也罢,在原产地虽栖息同一水域,但不会自然交配的鳙鱼和鲢鱼,却在密西西比河等海外移居地发生了自然交配现象。它们的"惺惺相惜",或者说"强强联手",对于入侵地来说,具有了更大的危险性。此外,在美国加利福尼亚州池塘养殖的鳙鱼,由于挖掘池塘与河流的通道,导致其直接逃逸到了萨克拉门托河。在一段时间内,鳙鱼也曾作为饵料鱼被广泛释放到自然水域。现在,美国国家地理局哥伦比亚环境研究中心专门建立了"四大家鱼"防控计划,研究如何控制这些外来入侵鱼类在美国的进一步扩散。

人类的反思

关于外来物种入侵的"入侵崩溃"理论认为,当多个外来物种一并入侵同一自然生境时，这些外来入侵物种之间会存在着协同作用。这是什么意思呢？就是早先进入的外来物种为后期进入的外来物种营造了一种适合生存的环境，增加了后者存活的可能性；而后期进入的外来物种又进一步影响了生态系统，有利于更多的后续外来物种的成功入侵，这一过程类似于一种链式反应。"入侵崩溃"效应的一个典型例证是，北美洲五大湖在20世纪前半叶有40种外来物种入侵，自1970年后平均每8个月就有1个新的入侵物种。这是因为一些外来物种成功入侵后，改变了引入地的生态系统，打乱了土著种群的结构，创造了一种积极的入侵反馈系统，有利于其他物种成功入侵。同样的事例发生在我国云南的高原湖泊。鳙鱼并不产于我国云南的滇池、星云湖、洱海、泸沽湖、程海、抚仙湖等高原地区的江河湖泊中，但在20世纪60至70年代，鳙、草、青等鱼类被陆续引入，从平原湖泊中投放到云南几乎所有高原湖泊和池塘中，并且在鱼苗中同时带进了黄黝鱼、中华鳑鲏、麦穗鱼、棒花鱼等多种小杂鱼，使当地湖泊中的鱼类从10余种增至30余种，鱼类区系组成发生了巨大的变化，增强了鱼类种间关系的复杂性，使鱼类之间产生了种间竞争，饵料基础再分配，抑制了当地土著鱼类的繁殖。到20世纪70年代时，当地已有云南

麦穗鱼

117

洱海

裂腹鱼、光唇裂腹鱼、灰裂腹鱼、洱海鲤、大理鲤等土著鱼类消亡。其中,星云湖中的大头鲤的衰落则与鳙鱼的引进直接相关。

洱海鲤

大头鲤

大理鲤

云南土著鱼类标本

星云湖,俗名浪广海,汉唐时称"池",明朝以后称星云湖。它南北长10.5千米,面积34.7平方千米,位于江川县城大街镇北面,距县城1千米左右,湖面海拔高度1722米,和抚仙湖仅隔2千米,高差2米,在湖东面海门桥村有隔河相连。河中段有界鱼石,相传两湖相交,鱼不往来。

当地人传说,人们在星云湖做梦,做的都是关于发鱼的梦。星云湖的天然水质尤适于鱼类生长,每到鱼类繁殖季节就会出现鱼儿结群的壮观景象,当地的渔民把这叫作发鱼。遇上发鱼,一网就能轻松捕到上千斤鱼,鱼多到做梦都会让人笑醒的地步。因而江川人早早留下谚语说"拿鱼大哥心别厚,得一扣宰一扣",告诫捕鱼人不可贪心。星云湖的土著鱼有30多种,但近30年来的环境变化,使土著鱼越来越少,从前在发鱼季节里,土著鱼像发疯一样聚集成大鱼群的场面再也见不到了。

鳙鱼和大头鲤进行战斗,争抢地盘

泸沽湖

120

外来物种入侵的危害

外来物种成功入侵后,会压制或排挤本地物种,形成单一优势种群,危及本地物种的生存,导致生物多样性的丧失,破坏当地环境、自然景观及生态系统,威胁农林业生产和交通业、旅游业等,危害人体健康,给人类的经济、文化、社会等方面造成严重损失。

在20世纪50~60年代,大头鲤曾为产区的主要经济鱼类,在星云湖的渔产量中占极大优势,曾占总产量的70%左右。

大头鲤尾柄细长。体长9~12厘米,最大体重可达2千克。和鳙鱼一样,它的头特别大而宽,口阔且大,呈弧形,口裂显著倾斜。它无须,鳞大,侧线鳞有34~37个。背鳍和臀鳍均具带细锯齿的硬刺,硬刺的后缘均具锯齿,尾鳍呈深叉状。

大头鲤的生长速度较慢。3~4龄亲鱼的怀卵量可达13万粒。它的产卵期为5~6月,可以分批产卵,通常分为两批,两批之间相隔7天,每批产卵3天。大头鲤通常在晴天拂晓3~5时产卵于水下1~2米处,产黏性卵,粘于水生管束植物上。大头鲤主要以浮游动物为食,其中以枝角类和桡足类占绝对优势,其次为轮虫,此外还兼食少量硅藻、丝状藻以及水生维管束植物等。

全是我的!

妈妈,我饿!

大头鲤战败,鳙鱼独占了食物

作为食用鱼养殖引进的鳙鱼与大头鲤食性相似,但与鳙鱼相比,大头鲤的取食器官比较原始,取食能力差。鳙鱼的口更大,鳃耙长而密,滤食能力强,相对而言,大头鲤则口较小,鳃耙短而稀,滤食能力弱,因此很快败下阵来。鳙鱼挤占了原来大头鲤的生态位,导致大头鲤土著种群下降,资源日趋枯竭,甚至面临灭绝。

此外,另外一个高原湖泊——滇池中的滇池蝾螈的灭绝,也与包括鳙鱼在内的外来鱼类的入侵有着非常密切的关系。土著鱼类竞争力弱,是其减少甚至灭绝的一个主要原因。尤其是在高原湖泊等相对较为封闭的生态系统中,由于长期缺少生物竞争,其鱼类偏安一隅,久疏战阵,外来鱼类更容易成功入侵。

滇池蝾螈标本

因此,对这样的水体生态系统进行引种增殖等,人们需要审慎对待,以免背离引种增殖的最初目的。

(倪永明)

深度阅读

李振宇,解焱. 2002. **中国外来入侵种**. 1-211. 中国林业出版社.

潘勇,曹文宣,徐立蒲等. 2006. **国内外鱼类入侵的历史及途径**. 大连水产学院学报, 21(1): 72-78.

潘勇,曹文宣,徐立蒲等. 2006. **鱼类入侵的过程、机制及研究方法**. 应用生态学报, 18(3): 687-692.

刘东,李思发,唐文. 2012. **世界范围内"四大家鱼"入侵现状及其适应特性**. 动物学杂志, 47(4): 143-152.

月见草

Oenothera biennis L.

月见草那美丽的花朵、夜晚绽放的独特习性，还有那花开后散发出的浓浓香气，使人们为它着迷。但请你不要忘记，无论它多么美丽，防范意识一定要加强，决不能让它逃到野外，扩大地盘，"欺负"本地植物。

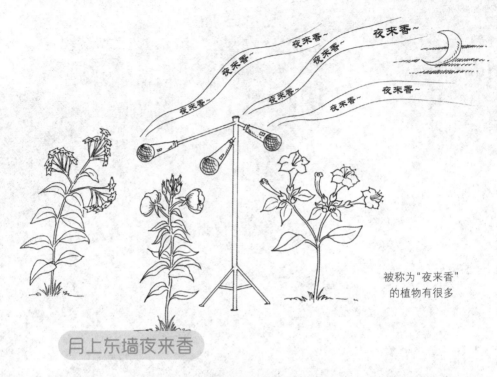

被称为"夜来香"
的植物有很多

月上东墙夜来香

　　"那南风吹来清凉,那夜莺啼声细唱,月下的花儿都入梦,只有那夜来香,吐露着芬芳。我爱这夜色茫茫,也爱这夜莺歌唱,更爱那花一般的梦,拥抱着夜来香,吻着夜来香。夜来香,我为你歌唱,夜来香,我为你思量……"这首脍炙人口的歌曲《夜来香》是黎锦光先生在20世纪40年代创作的,被认为是黎锦光乃至中国流行歌曲的代表作,在全世界先后有80多种版本面世。自它产生以来,有许多位知名的歌手曾经演绎过它,原唱为李香兰,而最为著名的当属邓丽君的演绎版本,使其再度传遍中华大地,传遍全世界,赋予了它新的生命。歌词中描写的是夏日的夜晚在院中乘凉的场景,一边听着鸟儿发出的悦耳的鸣叫声,一边欣赏着"他人皆睡、唯我独醒"的美丽花卉。夜来香在晚上竞相开放,开出娇艳的花朵,同时散发出浓浓的花香。这是一派自然祥和的景象,不禁让人感叹:真是个美好的夜晚!

　　不知道歌曲中描述的"夜来香"究竟是哪一种植物的名字,因为很多在夜间开花,并且花朵散发幽香的植物都被称为"夜来香"。例如,夜香树是茄科夜香树属植物,夏秋开花,黄绿色花朵傍晚开放,飘出阵阵扑鼻浓香,在南方的庭院、窗前、塘边和亭畔可以见到它,大家常说的夜来香就是它。而歌曲的词作者是上海人,可以推断《夜来香》这首歌的主角就是夜香树。夜香花是萝藦科夜来香属的藤状灌木，花多黄绿色，有清香气，夜间香气更浓，故有"夜来香""夜香花"之名，多为盆栽观赏植物，但不宜放在室内，因为它的花香会使人呼吸困难。还有一种常见的被叫作夜来香的植物是紫茉莉。它是紫茉莉科紫茉莉属的草本植物，花夜开日闭，开花有芳香，果实形似地雷，北方又称之为"地雷花"。

紫茉莉果实

除了上面提到的这些被称作"夜来香"的植物，还有一种植物也被称作夜来香，它就是本文的"主人公"——月见草。月见草的花在傍晚才慢慢地盛开，到天亮后就凋谢。它的花只开一个晚上，传说它开花是特别给月亮欣赏的，月见草之名便由此得来。月见草的学名为*Oenothera biennis* L.，隶属于双子叶植物纲蔷薇亚纲柳叶菜科月见草属。柳叶菜科在全世界共有19属、650余种，而月

紫茉莉

见草属有大约145种，分布于北美洲、南美洲及中美洲的温带至亚热带地区。属名*Oenothera*是瑞典著名植物学家林奈在他的著作《自然系统》中最早发表的。这个词起源于希腊语，意思是汁液能导致睡眠的植物。种加词*biennis*是拉丁文中的形容词，指二年生植物。

月见草还有许多的中文异名，如待霄草、山芝麻、野芝麻、晚樱草、夜来香等。"山芝麻、野芝麻"主要是说它的果实与唇形科的芝麻果实很相似。把它称为晚樱草主要是因为它的外部形态与樱草很相似，而它却是夜间开花的植物。它的英文名字为evening primrose，也是夜间开花的樱草的意思。

我国引入栽培的月见草属植物，除月见草外，还有：香月见草*O. odorata* Jacq.，黑龙江、吉林、辽宁等省已成为野生；玫瑰月见草（美丽月见草）*O. speciosa* Nutt.，多年生草本植物，株高50厘米，叶线形有疏齿，花白色至水红色，花较大，直径达8厘米以上；裂叶月见草*O. lacinia* Hill，多年生草本植物，开黄色花；红萼月见草*O. erythrosepala* Borb.，东北地区、湖北、贵州等地有栽培；黄花月见草*O. glaziouiana* Mich.，东北至西南、华南都有栽培和野生；红花月见草*O. rosea* L'Hér. ex Aiton，近年来传入我国，在江西、广西、云南等地大量栽培；待霄草（线叶月见草）*O. stricta* Ledeb. ex Link，西南、华东、华南各地均有引种。

介绍了这么多，到底这位"大名鼎鼎"的观赏植物月见草有何形态特征，现在就让我为大家详细地"品头论足"一番。

夜晚悄绽放

说起这种植物，可以说与我还有一定的渊源呢！记得我们的初次相识是在20

月见草

128

月见草美丽的花

世纪80年代。当时我还是小学生,有一次去同学家玩儿,夏日的傍晚,在她家的院子里就看到了开着黄色花朵、散发出浓郁香气的月见草。第一次见到它,可以说当时小小年纪的我对它是"一见钟情",非常喜欢它。同学的妈妈告诉我,它叫夜来香,很容易养的,可以送我几棵幼苗带回家养。于是,我便把它带到了我家的后院,栽种下后,很容易就移植成功,后来也开花结果了。来年,它的种子便撒满了我家后院,到了夏天,整个院子开满了黄色的花朵。我与家人一起在院子里吃着消暑的西瓜,看着满园的黄花,闻着浓浓的花香,聊着天……那真是一段快乐、自在的美好时光,至今回想起来都觉得很幸福。当然,其中给我幸福的,也包括夜来香。

月见草的学名已经告诉我们它的生长习性,是直立的二年生粗壮草本植物。它的茎很粗壮,虽为草本,但茎基部已经木质

尚未开花的月见草

化了，这样便于它保持笔直的姿态。别看它是"草"，却有一棵参天大树的"心"：长到2米高都不成问题呢。在植株密集的地方，它只有一个主干，不分枝，但在植株稀疏的地方就会分枝，一般侧枝有10余枝，多的能有30余枝，茎上都长满了毛。叶子按着生长方式的不同，分为基生叶和茎生叶。基生叶紧贴地面生长，像观音菩萨的莲座的形状排列着，是倒披针形的，比较细长，最长能达到4.5厘米，边缘长有不整齐的锯齿，叶子的两面都长着长毛；茎生叶，顾名思义，是生长在植物的茎上，呈椭圆形至倒披针形，叶片比基生叶长很多，最长能达到20厘米，边缘长有不整齐的锯齿，叶子的两面也长有长毛。虽然茎生叶的叶片比基生叶大，但叶柄却比基生叶短多了，通常没有叶柄，有的话最长也仅有1.5厘米。

月见草那香气浓郁的亮丽花朵实在是吸引人们的眼球，但在花冠下面的绿色苞片却是很少有人会注意到的。它的苞片也是柳叶状的，花期、果期都可以看到它的踪影。萼片绿色，有时带红色，长圆状披针形，在花芽期直立，彼此靠合，像卫士一样肩并肩地站立在一起，保护着围在当中的幼嫩花蕾。当花要开放时，它们又自然散开，自基部反折，但又在中部上翻，给花瓣预留出充分的展开空间，自己则默默地在下方来衬托着花瓣，好像众星捧月一般。被环绕在当中的花瓣一般是亮黄色的，有时也有淡黄色，非常娇艳，呈宽倒卵形，长2.5～3厘米，宽2～2.8厘米，在每一片花瓣的先端微微向内凹陷，形成一个小的凹缺；花瓣共有4枚，它们向四个不同的方向开展，相互交错，以便让它的花朵开得更大、更显眼，吸引更多的访花者前来。

月见草花瓣的中间伸出来的是一朵花的核心部分——花蕊。花蕊分两类：雄蕊和雌蕊。在同一朵花中出现雄蕊和雌蕊的花，被称作两性花；只有雄蕊或者只有雌蕊的花，被称作单性花。月见草是两性花，每朵花共有雄蕊8枚，雌蕊1枚。雄蕊由花丝和花药两部分组成，花丝较长，长10～18毫米，伸出花筒；花药长在花丝的顶端，呈亮黄色，长约1厘米，花药内包含的就是花粉。雌蕊由子房、花柱和柱头三部分组成，子房绿色，圆柱状，藏在花管中，上面有很多长毛；子房上伸出一个长长的花柱，伸到花管外，高出雄蕊很多，长3.5～5厘米，伸出花管部分长0.7～1.5厘米；花柱的顶端是裂成4瓣的柱头，像一个"十字架"，在花朵的上方挺立，开花时花粉直接授在柱头裂片上。它结出的果实是蒴果，锥状圆柱形，向上变狭，长2～3.5厘米，绿色，表面也是毛茸茸的；成熟时可以裂成4瓣，每个瓣里面都藏着种子。

月见草那黄色的小花其实算不上特别，但由花中散发出的香味却令人印象深刻。月见草的花瓣与一般在白天开花的植物的花瓣构造不同。它花瓣上的气孔有一个

美丽的月见草自然
也难躲过欧洲殖民
者贪婪的眼睛

特点,即张开程度与空气湿度有关,空气的湿度大,它就张得大,气孔张大了,蒸发的芳香油就多。夜间没有阳光照射,空气比白天湿度大,所以散发出的香气也就比较浓。尤其在阴雨天,月见草的花香气会更浓,这也是阴雨天空气湿度大的缘故。

印第安人的传说

夜来香给了我美好的回忆,但在当时,小小年纪的我并不知道夜来香(也就是月见草)不是我们本地的植物,后来了解到它的原产地是距离我们非常遥远的美洲,它可以说是漂洋过海才来到了我们的身边。而且,当年的我也无法想象得到,栽种在庭院里的夜来香,有朝一日能从人们的眼皮底下逃之夭夭,生长到了野外的自然环境中,甚至为了自己能站稳脚跟、扩大地盘,"欺负"本地植物,让它们无处容身……这种情形是童年的我无论如何也想象不到的,但它却真真实实地发生了。

我们先说说月见草是什么来历,以及何种机缘使它有机会从遥远的美洲大陆到达中国甚至世界上很多国家的。它的起源地在墨西哥和中美洲地区。它在那片热情的土地上开花结果,繁衍生息。生活在中美洲的印第安人与月见草长期相伴,除了欣赏它美丽的花朵外,还发现了它的神奇作用。传说,数千年前的古印第安人经常使用一种由夜色供给世间的灵药,来解除人类的痛苦,而这种灵药是来自一种只会在夜间开出美丽的黄花,却在日出月隐后便凋谢的植物,是由

印第安人

132

它的种子提炼出来的。这种神奇的植物便是当地土生土长的月见草。可见，在几千年前人类已经发现了月见草的药用功效。

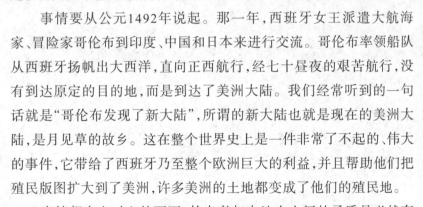

月见草的花
和花蕾

除了观赏和药用，月见草还有一个重要的作用——它是许多当地的美洲部落人的食物。它的根具有坚果的味道，当地的许多人都喜欢吃。当地的猎人也会用月见草的根来擦他们的鹿皮鞋的鞋底，目的是为了掩盖自身的气味，可以在狩猎时更近距离地接近猎物而不易被猎物发现。所以，印第安人的命运与月见草紧紧地绑在了一起。可是几个世纪之前，印第安人与月见草平静的生活被打破了。

事情要从公元1492年说起。那一年，西班牙女王派遣大航海家、冒险家哥伦布到印度、中国和日本来进行交流。哥伦布率领船队从西班牙扬帆出大西洋，直向正西航行，经七十昼夜的艰苦航行，没有到达原定的目的地，而是到达了美洲大陆。我们经常听到的一句话就是"哥伦布发现了新大陆"，所谓的新大陆也就是现在的美洲大陆，是月见草的故乡。这在整个世界史上是一件非常了不起的、伟大的事件，它带给了西班牙乃至整个欧洲巨大的利益，并且帮助他们把殖民版图扩大到了美洲，许多美洲的土地都变成了他们的殖民地。

事情都有它对立的两面，外来者与本地人之间的矛盾是必然存在的。欧洲人来到美洲，他们就像发现了埋藏已久的宝藏一样，欣喜若狂。而对当地的印第安人来讲，这些欧洲人是纯粹的入侵者，破坏了他们长久以来建设的家园。不仅如此，在印第安人看来，欧洲人是十足的恶魔，他们烧杀抢掠、无恶不作，霸占了印第安人千百年来繁衍生息的土地，把他们变成了失去人身自由的奴隶。欧洲人对当地丰富的自然资源也是极尽掠夺之能事，而月见草在当地久负盛名，如此美丽的花朵、诱人的花香，还有它那神奇的药效，在当地是那么的光彩夺目、惹人注意，自然也难躲过欧洲殖民者们贪婪的眼睛。

133

庭院中种植的月见草

　　有文献记载,1619年,欧洲殖民者把月见草的种子从遥远的新
大陆——美洲带回他们的老家,并顺利地把它栽种在意大利的帕多
瓦植物园。它位于意大利的北部,1545年建园,是一个历史非常悠久
的植物园,也是至今还保留在原址的最古老的植物园之一。16~17

世纪,这个植物园里栽种了许多从亚洲、非洲、美洲收集来的药用植
物。这里的植物学家主要从事药用植物的研究,而帕多瓦植物园在
当时的欧洲也是最为权威的药用植物研究基地。

月见草

月见草,这种来自美洲的神奇植物,到了欧洲大陆以后,同样受到很高的重视。它最初到达欧洲时,栽种在植物园中的植株数量很少,被人们当作稀世珍宝一样对待。生长在意大利的月见草,就曾作为国礼被意大利罗马天主教皇献给葡萄牙的皇后伊丽莎白,从这一事件可以看出月见草的高贵身份和地位。同时,月见草也以"贵宾的身份"堂而皇之地把它的版图从意大利扩大到了葡萄牙。

有些专家提出,月见草最早到达欧洲的时间是1614年,地点也不是意大利的帕多瓦植物园,而是英国。在英国,月见草同样受到"器重",药学家把它称为"皇室御药"或"国王药物",很多人甚至把它当作能治百病的灵丹妙药,甚为推崇。月见草是作为食物被引入到德国的,后来在德国各地广泛栽培,被称为"德国的莴苣"。大约用了一个世纪的时间,月见草就在欧洲各国间流通起来,并逐渐从欧洲被引种到了世界上的很多国家。

在19世纪末20世纪初,这种神奇的植物以观赏植物的身份由欧洲引种到了中国。离开了美洲那片土地,新的生长环境激发出它体内的不安定因素,它不满足于生长在植物园或者是庭院中,而是从人们的监管下"离家出走",到野外更广阔的世界中去"大展拳脚",与本地植物抗争,侵占更多的领土,产生更多的后代。

月见草的花蕾

月见草是既能进行有性繁殖又能进行营养繁殖的一类植物,而且这两种方式产生后代的能力均非常惊人。它的花序是无限花序,从下往上不断地依次开花,花期比较长,花朵的数量也非常多,花粉量大,花粉萌发时间较短,还能进行自花授粉。每朵花经过传粉结实后,可以产生100多粒种子,而每一株可以结出上百个果实,即使按最保守的算法,每一株月见草可产生种子1万粒以上。这是一个非常庞大的数字,它的威力不容小觑。种子被包裹在蒴果内,待到果实成熟时自然炸开,上万粒种子就会被弹射到周围的地面上。种子在合适的条件下生根发芽后,就会形成一个新的个体。这样一代一代地繁衍下去,简直可以借用《愚公移山》中的愚公说的一句名言:子子孙孙无穷匮也。

月见草的营养繁殖是通过埋藏在地下的二年生宿根完成的。宿根萌发枝芽的能力很强,

知识点

营养繁殖

营养繁殖是植物无性繁殖的方法之一,是由根、茎、叶等营养器官形成新个体的一种繁殖方式;植物各个营养器官均有一定的再生能力,如枝条能长出不定根,根上能产生不定芽等,从而长成新的植株。在这个过程中,新的个体植物无须种子或孢子产生。人工的营养繁殖包括扦插、压条等方法(如马铃薯、草莓、桑树、柳树等),其好处是不需等候种子发育等过程,需时较短。苔藓、蕨类和低等植物以营养体断裂的方式进行营养繁殖也很普遍。

萌发出的新枝芽长大后就会形成一丛植物。这一丛丛的月见草与由种子萌发形成的单一植株混生在一起,很容易形成大面积的连续分布。当它与其他植物竞争时,强大的根系就可以为它"保驾护航"。它也有对抗逆境的本领,即使环境条件不利于生长也能生存下来。密密麻麻的月见草成片生长,会让生长在它周边的其他植物无处容身,从而被慢慢地"排挤"出去。

月见草与许多外来入侵植物一样,能分泌抑制周围植物发芽或生长的化感物质,限制其他植物的生长,以便自己能获得更多的营养物质。

月见草是二年生的草本植物,宿根极其强大,要想使用人工拔除的方法对付它,就必须斩草除根,把它连根拔除,以免它利用营养繁殖特性来产生新的植株。当然,拔除的时间要选择在开花之前,不给它开花结果的机会,避免它那成千上万的种子形成,让它有性繁殖也无法进行,这样才能免除后患。

人类对于月见草的使用,已经有几千年的历史。从古印第安人到欧洲人,都把它当成食物和药物来长期使用。传入我国以后,在我国东北地区,当地人很快发现月见草的根和叶子可以当作蔬菜,种子粉碎后添加到面粉中去可以烙成风味独特的饼。另外,种子不仅可以榨食用油,而且提炼出来的油脂还能制成蜚声国际的月见草油。

月见草那美丽的花朵、夜晚绽放的独特习性,还有那花开后散发出的浓浓香气,使人们为之倾倒、着迷。它那可以食用的根、可以入药的植株以及可以提炼出月见草油的种子,又让人们对它青睐有加。但请不要忘记,无论它多么美丽、多么实用,它外来入侵植物的本质没有改变,所以在园林绿化和大面积种植时,防范意识一定要加强,可不能让它再逃到野外去了!

(毕海燕)

深度阅读

徐海根,强胜. 2011. 中国外来入侵生物. 1-684. 科学出版社.

李景文,姜英淑,张志翔. 2012. 北京森林植物多样性分布与保护管理. 1-443. 科学出版社.

何家庆. 2012. 中国外来植物. 1-724. 上海科学技术出版社.

万方浩,刘全儒,谢明. 2012. 生物入侵:中国外来入侵植物图鉴. 1-303. 科学出版社.

美国红鱼

Sciaenops ocellatus L.

美国红鱼在我国沿海养殖取得成功,却对这里的生态环境带来了巨大的威胁。海洋生态环境保护是我国海洋资源开发过程中不容忽视的问题。针对引进外来养殖经济物种所带来的外来物种入侵问题,我们必须采取有力措施来控制和预防。

加强海军建设是改善我国海洋
安全环境、提升我国海洋大国
形象的一个重要步骤

掀起海洋"畜牧"浪潮

　　风靡网络的"航母style",是人们对中国在首艘航母"辽宁舰"上成功起降歼-15舰载机的致敬。与此同时,许多人也把目光转向了海洋。其实,进入21世纪后,人类就已经进入了大规模开发利用海洋的时期。

　　大约35亿年前,地球上第一抹生命的火花就点燃于海洋之中。时至今日,海洋这一广阔无垠的水域依然是地球上最复杂多样的生态系统。海洋占据地球表面积的71%,不仅是生命的摇篮,还是个聚宝盆,蕴藏着十分丰富的自然资源。众所周知,目前陆地上的资源已经日渐匮乏,人类的生存环境也日趋拥挤。而辽阔的、蕴藏着极为丰富资源的海洋,就将成为人类新的希望。

　　说到海洋资源,人类首先向海洋索取的就是食物资源。在人类的历史上,食物生产方式有过两次飞跃,一次是从狩猎发展到畜牧,食物的生产效率提高了很多,畜牧时期养活同样多的人,只需要狩猎时期5%的土地就足够了;第二次飞跃是农作物的种植,这次飞跃又导致人均食物生产的土地面积的减少,也就是只需要畜牧时期5%的土地就足够了。这两次食物生产的飞跃都发生在陆地上。不过,虽然现在养殖和种植技术都取得了长足的进步,生产食物的效率比起从前已经有了突飞猛进的发展,但是面对当代巨大的人口压力,陆地上生产的食物数量仍然不足,食物短缺仍是困扰人类发展的基本问题之一。因此，人们也把目光自然地移向了海洋。

我国自古海洋意识淡薄，明朝著名的郑和下西洋，也仅仅是执政者少数人的思想和行动，并非国家和民族的真正觉醒。而且在整个航海过程中，还不断招致来自朝廷上下的反对，甚至被视为弊政。因此，声势浩大的郑和船队也成为我国古代航海史上空前绝后的昙花一现。

过去，960万平方千米是我国公民十分熟悉的一个数字，而另一个同样可以引人自豪的数字知道的人却不多，那就是我国还拥有大约300万平方千米的管辖海域，大约相当于陆地面积的1/3。我国地处亚洲的东部，濒临太平洋，其东部、东南部和南部分别被渤海、黄海、东海和南海环绕。我国拥有18000千米以上的大陆海岸线，海域分布有7600多个岛屿。这些优越的自然条件使我国成为名副其实的"海洋大国"。在人口众多、人均资源相对贫乏的中国，合理开发海洋资源，使海洋资源能够可持续利用，这对于缓解陆地人口、资源与环境的矛盾尤为重要。

在我国辽阔的"蓝色国土"上，有70多个海洋渔场，总面积为281万平方千米，鱼类的种数占世界总种数的14%（3023种），其中具有捕捞价值的海洋鱼类达2500余种，产量高的鱼类有鲱鱼、鲑鱼、沙丁鱼、鲷鱼、箭鱼、金枪鱼等。我国近海渔场中的黄渤海渔场、舟山渔场、南海沿岸渔场、北部湾渔场由于产量高，被称为我国的"四大渔场"。黄鱼、小黄鱼、带鱼、墨鱼是我国人民喜欢食用而且产量较大的海洋水产品，被称为我国的"四大海产"。此外，我国的经济海洋生物资源还有头足类（84种）、对虾类（90种）、蟹类（685种）等，海洋生物入药的种类达700种以上。

派遣郑和下西洋的
"永乐大帝"明成祖朱棣

143

辽阔的海洋中蕴藏着十分丰富的自然资源

由于人们的长期过度捕捞,近海渔业资源严重衰退,近海捕捞生产严重萎缩。据联合国粮农组织的报告,全世界已有60%的经济鱼类呈现资源衰退、枯竭;而远洋捕捞"劳民伤财"、发展缓慢,人类也希望从这种海洋"狩猎"向"畜牧"过渡,发展海洋养殖业,满足人们

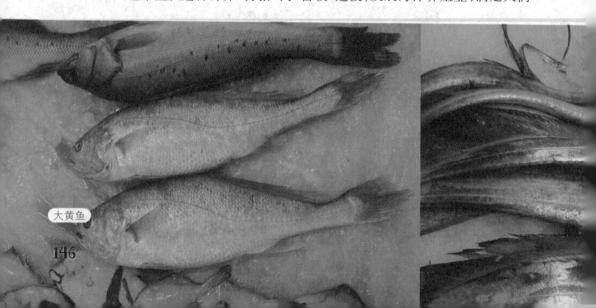

大黄鱼

146

王是于2002年8月15日，福建省长乐梅花镇港码头的闽长渔4087号和闽长渔4088拖网渔船的船王郑学新在深海捕鱼时抓获的。15日，老郑与船员在东经123度、北纬25度的钓鱼岛附近海域捕鱼时，发现"拖网好像被什么东西卡住了"。他们费了好大的劲，才把这条"带鱼王"吊出了海面。

带鱼王

对海洋食物的需求。我国也不例外，也在积极发展海洋养殖业。

我国近海从20世纪50年代开始，历经了3次海水养殖浪潮，分别以海带、中国对虾和海湾扇贝作为代表，而海洋水产品的主体——鱼类，却一直没有发展起来。这是由于海水鱼类的养殖难度大，育苗、

带鱼

准备出海的渔民

鱼病等都存在许多问题,阻碍了海水鱼类养殖的发展。因此,人们都希望在这方面的技术上有所突破,掀起海水养殖的第四次浪潮。

目前,我国养殖的海水鱼品种已超过50种,如大黄鱼、真鲷、鲈鱼、梭鱼等。但这些本地鱼种大都是未经过改良的野生型种类,存在着生长慢、抗逆性差等缺点,而且其中一些种类是靠在人工环境中少数亲鱼年复一年地进行近亲繁殖而获得后代的,其子代品质退化严重。我国虽已具备生产多种海水鱼种苗的能力,但由于亲鱼来源不足,一些亲鱼质量较差以及受有关技术、设备和条件的限制,除局部地区和个别种类外,海水鱼的产量始终低于其他海产品的产量,总体来说是不能满足生产需要的。因此,从国外引进抗病力强、成长快速、存活率高、耐低氧、适合高密度养殖的鱼类新品种已经势在必行。而我国从美国引进的美国红鱼,就是满足上述条件的一个典型代表。

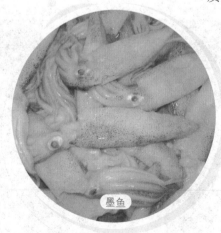
墨鱼

面包蟹

对虾

头足类

鲈鱼

149

进港的渔船

从美国传来的"鼓"声

美国红鱼*Sciaenops ocellatus* L.,也叫红鼓鱼、斑尾鲈、海峡鲈,原产于美国东南部和墨西哥沿海水域一带,因幼鱼的体色略微发红而得名。它的体形呈纺锤形,与大黄鱼相似,身体的颜色又与鲈鱼接近,背部呈浅黑色,腹部中间白色,两侧呈粉红色,尾鳍呈黑色,最明显的特征是尾柄有一个黑色圆斑,好像鱼的眼睛,所以它又被叫作眼斑拟石首鱼。在海洋中,这个黑色的圆斑具有迷惑敌害的作用,常常会让捕食者认为是它的眼睛,误将它的尾部当成头部,从而错误地判断了美国红鱼将要运动的方向,最终导致自己捕猎失败。美国红鱼还有一个有趣的英文名字:red drum,直译就是红鼓。这是由于美国红鱼在繁殖季节或是被捞出水面的瞬间,通过肌肉相互摩擦而产生的气泡所发出的声音,好像低音鼓的音质,所以它也被称为红鼓鱼。

野外的美国红鱼的幼鱼一般会在河流、海湾、运河、潮沟等处栖息。它们喜欢集群活动,游泳迅速,有洄游的习性,4龄之后才能长成成鱼,然后通过河口游到近海或更远的海洋中。美国红鱼在海洋中可以长得很大,在美国佛罗里达州曾捕获过体长达到115厘米、体重23千克的个体。而体重创世界纪录的美国红鱼是1984年在北卡罗来纳州的水域捕获的,体重达42千克。

在美国和墨西哥,美国红鱼是当地分布最广泛的河口鱼类,也是传统的、重要的垂钓和捕捞对象。由于过度捕捞,以及产卵地、生存环境受到人为破坏,美国红鱼在它的家乡种群数量急剧减少,一度甚

海钓

至濒临灭绝。因此，在20世纪80年代后期，美国佛罗里达州出台了多个紧急救助措施，以减少对它的捕捞压力，例如只允许捕捞、垂钓大小为45～69厘米的个体，每个人只允许捕捞或垂钓一条鱼，并且从3月至5月在美国红鱼活动密集的区域禁止一切捕捞与垂钓等活动。

美国红鱼肉味鲜美，适于清蒸和烧烤，尤其烧烤的红鱼排风靡一时。所以尽管佛罗里达州采取了十分严厉的措施，但当地人还是挡不住美国红鱼的魅力，对它的追逐并没有休止。2007年，为了保护美国红鱼野外种群的生存，时任美国总统的小布什在马里兰州的切萨皮克湾海事博物馆签署了一项行政命令，承诺在美国结束过度捕捞，以保护美国红鱼的数量，并补充鱼类资源，推进合作，开展养护和管理工作。

事实上，美国红鱼对环境适应能力是很强的。它是广温、广盐性鱼类，对于温度的适应性非常好，在2～33℃范围内都能存活，10℃以上就可以生长发育，最适为18～25℃；它的盐度适应范围也很广，在淡水、半咸水、海水中均可正常生长发育。因此，美国

清蒸美国红鱼

152

很早就开始驯化、养殖美国红鱼。而我国最早是台湾在 1987年从美国引进的鱼卵,并且在1989年繁殖成功后,开始推广到民间养殖。

我国大陆最早是在海南、福建等地沿海推广养殖美国红鱼,现在往北扩展到山东、辽宁地区;在人工饲养条件下,美国红鱼生长速度快,产量高,一年体重即可达到500克以上。由于美国红鱼的耐低氧能力特别好,在每升2.2毫克的低溶氧量条件下也能存活,因此无论网箱还是池塘都可以进行高密度饲养,经济效益比较高。

与它在原产地的境遇相反,作为一个成功的引进品种,美国红鱼在我国发展势头强劲,人们甚至希望在它的带动下,推动海水养殖第四次浪潮的到来,整体提高海产品的品质和数量,丰富百姓的餐桌,满足人民群众日益提高的物质需求。

保护人类的最后财富

当大家都在积极推动这个事业发展的时候,美国红鱼不利于生态环境的一面也暴露出来了。大多数美国红鱼都是近海网箱养殖,在养殖过程中由于操作不当,有一些美国红鱼逃逸出来,还有一些是由于网箱破了,使得整箱的鱼苗全部都流进了海洋。很快,我国从青岛到海南的沿海地带,都有垂钓爱好者钓到了野生的美国红鱼,甚至还有些地区在民间组成了专门海钓美国红鱼的团体,成为一项垂钓爱好者的专项活动。这些都说明美国红鱼已经在我国沿海广泛分

美国佛罗里达州水域

外来入侵物种的特点

外来入侵物种主要表现在"三强"。

一是生态适应能力强,辐射范围广,有很强的抗逆性。有的能以某种方式适应干旱、低温、污染等不利条件,一旦条件适合就开始大量滋生。

二是繁殖能力强,能够产生大量的后代或种子,或世代短,特别是能通过无性繁殖或孤雌生殖等方式,在不利条件下产生大量后代。

三是传播能力强,有适合通过媒介传播的种子或繁殖体,能够迅速大量传播。有的植物种子非常小,可以随风和流水传播到很远的地方;有的种子可以通过鸟类和其他动物远距离传播;有的物种因外观美丽或具有经济价值,而常常被人类有意地传播;有的物种则与人类的生活和工作关系紧密,很容易通过人类活动被无意传播。

布,而且数量也比较大,已经形成了外来物种入侵的凶猛势头。

为美国红鱼的入侵推波助澜的还有人们的放生行为。2012年7月,在山东青岛有20多人耗资50万元购买了大约10000条美国红鱼,统一在胶南市积米崖码头放生。消息传出后,不仅有很多市民闻讯前来观看,而且在积米崖码头密密麻麻地挤满了数百名垂钓爱好者。

对于这些在我国近海逃逸、放生的美国红鱼,科学家进行了调查和研究,结果表明,它们不仅很好地在这片新的栖息地生存下来,而且不断地发展壮大自己的种群规模,其形态和生长性状与美国原产地的情况相差无几,没有明显种质退化现象。在我国近海生活着各个年龄段的美国红鱼,雌、雄比例相当,这意味着它们已经能够很轻易地形成比较复杂的种群结构,有利于它们在我国海域繁衍生息。

不幸的是,美国红鱼在我国沿海所取得的成功,却对这里的生态环境带来了巨大的威胁。在亿万年的生物演化进程中,美国红鱼在它的故乡,与周边的鱼、虾、贝类等各种水生生物形成了一个错综复杂的食物网,达成了一个相对的平衡,各种生物之间可以相互牵制,保持了环境中的生物多样性。而在我国近海却没有制约它生存发展的天敌物种,在这里,美国红鱼是凶猛的肉食鱼类,处于食物链的较高环节。它主要摄食贝类、头足类、小鱼等。如果美国红鱼在这

网箱破了,使得整箱的
美国红鱼鱼苗全部都
流进了海洋

个环境中肆无忌惮地发展下去,当地原有的生态平衡就会被打破,甚
至会产生灾难性的后果。

　　水产养殖业的发展,客观要求养殖品种的改良
或更新,因此必须引进各种海洋生物进行开发
养殖,包括鱼、虾、贝、藻、棘皮动物等各个类
群的物种。但是,如果不注意对引进物种
的科学研究,不重视对引进物种的养殖方
式,任其逃逸到野外,甚至人为放生,则
会导致我国海洋外来物种入侵事件的不
断发生,对我国的海洋生物多样性和海洋
生态系统安全带来严重影响。

　　海洋生态环境保护是我国海洋资源开
发过程中不容忽视的问题。针对引进
外来经济养殖物种所带来的外来物种
入侵问题,我们必须采取有力措施来
控制和预防此类危害的发生。首先
是加强宣传,提高全社会对外来海
洋物种入侵危害的认识,同时建立健
全相关预防、治理、引进等制度,并认
真执行,还要强化对外来海洋生物物种

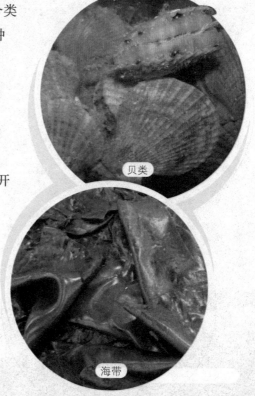

贝类

海带

155

海洋是生命的摇篮，也是人类的未来

引进、入侵预防与治理的监督等。必须使人们认识到，推动海水养殖的浪潮与保护海洋生态环境，不是对立的两个问题，不是只能二选一的工作，它是事物发展的两个方面，需要人们统筹和协调发展。

"东临碣石，以观沧海……日月之行，若出其中；星汉灿烂，若出其里"。曹操将大海和天地万物、日月运行联系到一起，可他也不会想到，海洋不但是人类生命的摇篮，而且是地球留给人类最后的财富了。

人类认识海洋的过程，是一个由肤浅逐渐到深刻的过程。从古人"渔盐之利，舟楫之便"这种浅显的理解，到当今把海洋视为"人类共同的遗产"这样科学的共识，人类经历了漫长的探索，也得到了深刻的教训。

海洋既是生命的发源地，也是人类的未来。希望每一个公民都要增强海洋意识，强化海洋观念，在享受大海为我们带来巨大财富的同时，也要防止海洋外来物种入侵对当地海洋生态系统带来的影响与危害。

（杨静）

曹操

深度阅读

郝林华,石红旗,王能飞等. 2005. 外来海洋生物的入侵现状及其生态危害. 海洋科学进展, 23(增刊): 121-126.

李家乐,董志国. 2007. 中国外来水生动植物 1-178. 上海科学技术出版社.

田家怡,闫永利,李建庆等. 2009. 山东海洋外来入侵生物与防控对策. 海洋湖沼通报, 2009(1): 41-46.

徐正浩,陈再廖. 2011. 浙江入侵生物及防治 1-353. 浙江大学出版社.

徐海根,强胜. 2011. 中国外来入侵生物 1-684. 科学出版社.

大 麻
Cannabis sativa L.

　　每当我们了解了外来物种入侵的历史，就会发现它们一开始的种群数量很少，然后逐渐增多，成为"小溪"，最后往往发展成为"洪流"。一旦种群数量达到那样的程度，除非自然环境的限制，否则它们的入侵几乎不可阻挡。因此，我们对大麻决不能掉以轻心。

菲尔普斯吸食大麻

被误解的植物

在2008年北京奥运会上,美国著名游泳运动员菲尔普斯勇夺八金,成为单届奥运会中获得金牌数最多的运动员,震惊世界。时隔一年,英国《世界新闻报》网站头条爆料,公布了"八金王"菲尔普斯吸食大麻的大幅照片,并清楚地说明了吸毒照的确切时间、地点。

菲尔普斯吸食大麻的镜头一经曝光,立即成为世界上各大媒体的热门新闻。这个令世界震惊的消息,也让大麻这种远离我们记忆的植物再次进入公众的视野。吸食大麻竟然会聚焦如此多的关注,那么大麻究竟是什么?吸食大麻会有什么后果呢?

水立方

大麻 *Cannabis sativa* L.隶属于大麻科,又名火麻、汉麻、线麻、寒麻、魁麻等。它是一年生草本植物,植株高可达3米,茎直立,叶互生或下部叶对生,叶掌状全裂,裂片3～9枚,叶柄长4～13厘米;花单性,雌雄异株,雄花排列为聚伞圆锥花序,花被5枚,雄蕊5枚,瘦果扁卵形,有光泽,质地硬。这就是大麻的样子,外表普通,看不出有什么特别。大麻的种植与生长对于环境要求不高,很容易生长,因此,世界各地都可种植。它种植简便,生长迅速,适应性强,由于其分布广,变异幅度大,是一个形态多样化的植物种类。

大麻雄花

那么,大麻和毒品有什么关系呢?许多国家根据THC(四氢大麻酚)含量不同,并结合植物特征和用途,将大麻分为工业大麻、毒品/药用大麻和中间型大麻三种类型。工业大麻植株高大、枝杈少、纤维含量高,其花和叶的干品中THC含量＜0.3%。工业大麻又分为纤维型、种子型和种子纤维两用型,主要栽于北方,这些大麻品种在大多数国家都在允许种植的范围内。而毒品(药用)大麻是以提取麻醉剂或刺激剂为目的,主要栽于热带,植株相对矮小,分枝多,纤维含量低,花与叶的干品中THC含量＞0.5%。中间型大麻指THC含量介于工业大麻和毒品大麻之间的大麻品种。看来,大麻是被误解的植物,它并不是和毒品画等号的。

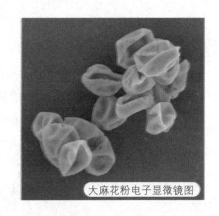

大麻花粉电子显微镜图

野生的大麻

当大麻后来被棉花、化纤和优质高产的油料作物取代后，在多数地区沦为入侵杂草。栽培大麻逸生后所结的果实的果形以及果的宿存性都没有明显变化，与未经改良的野生大麻不同。而近代用作毒品的大麻只是大麻家族中一个矮小、多分枝的变种——印度大麻 *C. sativa* L. subsp. *indica* (Lam.) E. Small & Cronquist。由于这种大麻中的致幻物质THC（四氢大麻酚）的含量比较高，它主要作用于神经系统，具有强烈的成瘾性和麻醉性，可以被不法分子用来制造兴奋剂和毒品，严重地危害了人类健康，因而被一些国家禁止种植。

大麻类毒品分为三种：第一种是大麻植物干品，由大麻植株或植株部分晾干后压制而成，俗称大麻烟，其主要活性成分THC的含量为0.5%～5%；第二种是大麻树脂，用大麻的果实和花顶部分经压搓后渗出的树脂制成，又叫大麻脂，其THC的含量为2%～10%；第三种是大麻油，从大麻植株或是大麻籽、大麻树脂中提纯出来的液态物质，其THC的含量为10%～60%。

1910年，美国南方的墨西哥移民潮改变了大麻的命运。警方认为，经常吸大麻的墨西哥人之所以给美国社会带来了暴力和犯罪，主要是因为大麻给了他们超常的暴力倾向。大麻是"让人上瘾的毒品，会令人发疯、犯罪和死亡"。因此,1937年,美国国会通过了《大麻税收法案》,规定在美国各地,拥有大麻都是犯罪行为。

1961年,联合国也通过了《麻醉品单一公约》,将大麻和鸦片、古柯和衍生物(如吗啡、海洛因和可卡因)一同列入违法麻醉品行列。作为国际上反对违法麻醉品制造和走私的国际条约,它成了全球药品控制制度的基础。1985年,中国也正式加入该公约。

此后,很多国家都制定了更加严厉的惩罚措施。以美国为例,1984年的《全面控制犯罪法案》、1986年的《反毒品滥用法案》以及1988年的《反毒品滥用修正案》,都提高了对拥有大麻、种植大麻和大麻交易的惩罚力度,现在对拥有100克大麻的惩处和拥有100克海洛因的判罚是完全一样的。

用途广泛的植物

如果人们把大麻作为毒品的"代名词",那对大麻来说可是"千古奇冤"了。大麻是一种古老的栽培植物,自古至今,它被人们用在诸多方面,而其中最为广泛的是作为纤维用、药用和籽用。

大麻茎杆上的纤维具有耐用、卫生等优点,是一种环保型的纤维原料。用大麻纤维制作的纺织品,其含有的大麻酚类物质对金黄色葡萄球菌、大肠杆菌、白色念珠菌等有明显的杀灭和抑制作用。大麻纺织品有较高的空隙率,许多性能与棉有相似之处,吸汗、透气、耐热等能力都很强,还具有较强的耐晒、耐腐蚀性,因此特别适宜做防晒服装及各种特殊需要的工作服。大麻纤维分子结构稳定,产生静电能力极低,能够避免静电给人体造成的危害。大麻织物防紫外线辐射能力也特别强,对减少紫外线对人体的危害有很好的保护作用。此外,大麻纤维还可以用来制作中、高档纸张,而

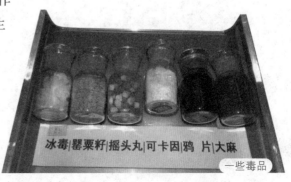

冰毒|罂粟籽|摇头丸|可卡因|鸦 片|大麻

一些毒品

163

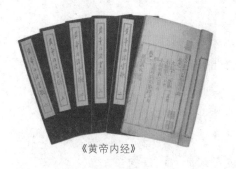
《黄帝内经》

《本草纲目》

且大麻的纤维产量比同样面积的森林的纤维产量高好几倍，不仅成本低，而且这种"非树木纸张"能有效地节约环境资源。

大麻的药用非常广泛，自古以来，我国医学就利用大麻的叶、花、麻皮、麻根、麻仁（籽）等入药。《本草纲目》对其活血化瘀、杀菌解毒、解痉止痛、益智轻身、润肤护发等效用分别作了详细记载。现在，从大麻的花里可提取四氢大麻酚（THC）、四氢大麻二酚（THCV）、四氢大麻酚酸（THCA）、四氢大麻二酚酸（THCV A）等酚类化合物。这类化合物在医疗上具有协同麻醉作用，可以提高麻醉效果。

大麻也具有很高的食用价值，尤其是大麻籽富含脂肪、蛋白质和多种维生素与微量元素。《黄帝内经》中有记载："五谷为养。麻、麦、筬、黍、豆，以配肝、心、脾、肺、肾"。但古人以大麻籽作为粮食作物的可能性较小，多半用作调味品。当代依然有食用麻籽的习惯，可以当零食生吃，也可炒熟吃。大麻籽实含油量一般为30%～35%，可以榨油。现在我国陕北、晋北农村一些地方的食用油仍以大麻油为主。不过，食用大量的大麻油会出现头昏等类似于"中毒"的现象，这一点早在三国时期吴普的《本草》中就已提及。因此，大麻油更多是用于工业用途。

此外，人们利用大麻纤维还可以生产出一系列高科技产品，如工业用的特殊纸浆、汽车内

李时珍

164

部压模板、针眼地毯、服装面料、建筑业用的隔热绝缘材料等。

古老的外来植物

关于大麻起源的问题，目前依然众说纷纭，但大麻起源于亚洲是较为一致的意见，而且大多数学者认为它起源于中亚地区。还有人认为它起源于西亚、喜马拉雅山等地区。

至于大麻是何时来到我国的，现在已无从查考，也有学者认为它是作为纤维及药用植物有意引进的。我国是应用大麻最早的国家。古代先民在发现了大麻皮层中的纤维有较强的韧

台湾高山族麻织品

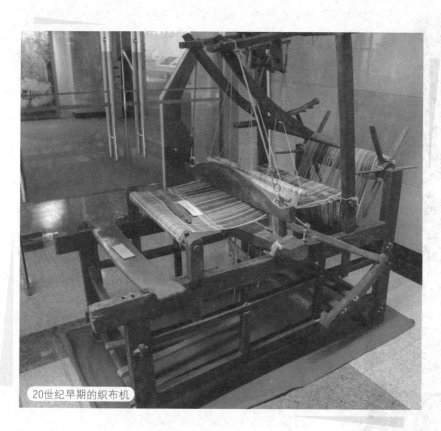

20世纪早期的织布机

用作中药的大麻仁

性之后，便用它分纵经横纬试行编织，织成了原始的麻布，再缝成衣服。但因野生大麻资源有限，先民便根据栽培五谷的原理，有意识地种植大麻，进而开始有人工繁殖栽培的大麻。在我国历史上，关于"五谷"有很多说法，其中之一就包括大麻的种子。例如，根据《大戴礼记》记载，五谷就是麻（大麻）、黍、稷、麦、菽。

我国目前发现得较早的大麻实物遗存，是甘肃省东乡县林家遗址出土的大麻籽，属于马家窑文化，经电子显微镜扫描鉴定，与现代栽培的大麻相似。这说明大麻的栽培至少已有近5000年的历史。其次是辽宁省北票市丰下遗址出土的麻布残迹，其年代距今4000年左右。此外，新疆孔雀河下游的古墓内也出土了距今4000年的大麻纤维。在稍晚的商朝遗址中也有大麻织物出土，如河北省藁城县台西遗址发现的商朝麻布，属平纹组织，同时还出土了一些大麻籽。这些早期古墓中出土的大麻瘦果宿存，基部圆形；而野生大麻瘦果早落，基部收缩成短柄状。因此推断我国古代大麻为栽培大麻。

我国古人很早就知道大麻是雌、雄异株的植物，《诗经》中对于麻已经有了"枲"（雄麻）和"苴"（雌麻）的区分。古人还知道虽然无论雄麻、雌麻，均可用于纺织，但质量与用途却有所不同。在古代文献中，雄麻称枲，也叫牡麻。人们主要用其杆沤麻，用于纺织，它是普通百姓衣着材料的主要来源。雄麻的麻质好，较洁白，可以织出质量较高的麻布。《诗经·曹风·蜉蝣》中就有"蜉蝣掘阅，麻衣如雪"的记载。雌麻称苴。"苴麻"麻质粗硬暗淡，《庄子·让王》有"颜阖守陋闾，苴布之衣而自饭牛"。"苴布"和今天的麻袋布相似，厚而粗，若用来做丧服，

北魏时期的杰出农学家贾思勰

则表示哀之深,意之诚。

据《史记·货殖列传》记载,我国秦汉时期已出现了上千亩的大面积麻田。北魏贾思勰所著的《齐民要术》引用了氾胜之对大麻的栽培方法,证明大麻的栽培技术远在2300年前就已经有文字叙述,并一直未间断过。另外,《四民月令》和《齐民要术》记载,一般大田作物不施粪肥,唯独麻田需施粪作基肥,足见当时对纤维用麻生产的重视。农家种麻也很普遍,从曹魏开始,历朝租调中都有对麻布的征收。

孟浩然

我国古人对大麻的认识还渗透到了民族文化中。据考证,大麻的"麻"字最晚从春秋时开始使用,一直沿用至今。"麻"在古代文献中根据语境的不同可指大麻植株、大麻籽、麻纤维等。许多词语与麻字有关,如麻醉、麻烦、麻痹、麻木等。古代提到"麻",就是指"大麻",如成语"披麻戴孝"等。我国古代诗歌中也常提到麻,比如《诗经·豳风·七月》中的"八月载绩……九月叔苴",这是指八月农村妇女绩麻,九月收捡残余的大麻种子,一片农事繁忙的景象。《诗经·陈风·东门之枌》记载了"不绩其麻,市也婆娑",这也表明绩麻已是当时妇女的主要工作之一。屈原《九歌》中"折疏麻兮瑶华,将以遗兮离居",意思是折断大麻的茎以及连接的丝,将它的白花赠送给离居者聊表思念。这里的"折麻"是比喻离别思念之情,也被用在后来的诗句中,如唐朝孟浩然《过故人庄》有"开轩面场圃,把酒话桑麻"之句。此外,还有《水浒传》中阮小五唱的歌谣"打渔一世蓼儿洼,不种青苗不种麻"。由此可以看出,大麻已经渗透到了人们的生活中,起到了非常重要的作用。

屈原

167

大麻

多重角色的植物

我国汉朝之前，大麻的种植以北方为主，南方较少，因为有苎麻可以代替，而且品质优于大麻。北方种植大麻纳入农事日程，从汉、南北朝、晚唐至元朝均有文字可考，从未间断。明朝初年，国家提倡种植棉花，大麻种植因此逐渐减少，几乎完全被取代，以后南北各地栽种大麻的目的，仅为制作粗麻制品和居丧孝服之用，大麻优良品种的培养已无人注意，麻的质量日趋下降，在明朝宋应星的《天工开物》一书中有明确反映。

到了现代，大麻的需要又在不断增加，国外的优良品种也相继引入，大麻种植遍布全国各地，但仍以北方为多，其中以河北蔚县、山西潞安、山东莱芜等地的大麻品质最优。南方大麻的主产区在云南以及广西等地，已开发出一些适合当地生长的新品种。

不过，现在人们又发现，全国各地栽培的大麻，有很多已经逸为野生，成为一般性农田杂草，对玉米、大豆等作物可形成一定程度的危害，但目前发生量很小，尚未造成大的后果。

外来物种入侵的途径

外来物种入侵的主要途径：有意识引入、无意识引入和自然入侵。有意识引入主要是出于农林牧渔生产、美化环境、生态环境改造与恢复、观赏、作为宠物、药用等方面的需要，但这些物种最后就可能"演变"为入侵物种。无意识引入主要是随贸易、运输、旅游、军队转移、海洋垃圾等人类活动而无意中传入新环境。自然入侵主要是靠物种自身的扩散传播力或借助于自然力而传入。

对大麻，我们
不能掉以轻心

　　沿着大麻发展的轨迹，梳理人类利用大麻的历史，可以发现，它是人们不可或缺的朋友，也是危害人类的敌人；它是人们有意引进的经济作物，又可能演变为危害农田的杂草。或许在未来的某一天，当人类的认识和科学技术达到了一个更高的水平后，大麻又会被赋予新的角色。但是，每当我们了解外来物种入侵的历史，就会发现入侵物种一开始的种群数量很少，逐渐增多成为"小溪"，最后往往发展成为"洪流"。一旦种群数量达到那样的程度，除非自然环境的限制，否则它们的入侵几乎不可阻挡。

　　《孙子兵法》说："无恃其不攻，恃吾有所不可攻也"。意思是说，不要寄希望于对方不进攻，而要依靠自己有无法被攻破的力量。因此，我们对大麻不能掉以轻心。

（徐景先）

深度阅读

田家怡. 2004. 山东外来入侵有害生物与综合防治技术. 1-463. 科学出版社.

徐海根, 强胜. 2011. 中国外来入侵生物. 1-684. 科学出版社.

何家庆. 2012. 中国外来植物. 1-724. 上海科学技术出版社.

李景文, 姜英淑, 张志翔. 2012. 北京森林植物多样性分布与保护管理. 1-443. 科学出版社.

万方浩, 刘全儒, 谢明. 2012. 生物入侵：中国外来入侵植物图鉴. 1-303. 科学出版社.

獭 狸

Myocastor coypus Molina

"海狸鼠恶炒种源"事件只是继君子兰、牡丹鹦鹉等之后的又一个"炒种"事件,盲目跟风者当然肯定是要失败的。骗子们的骗术并不算高明,但事件的后果却非常严重,不仅是让很多农民受骗上当,而且导致大量的海狸鼠个体逃逸或被放生到野外,使我国很多地方的农业生产、生态环境遭受了巨大的损失。

獭狸

外来的"水怪"

几年前,江西省的多家媒体都报道了一件逸闻:鄱阳县一农民在河内采砂时,发现了一个被挖砂机打昏的"水怪",浮在水面。这只"水怪"头大体肥,全身长满灰褐色长毛,体重在5千克以上。当地有关部门认为这是一只成年海狸鼠,是原产于南美洲的一种哺乳动物,也是稀有的国家二级保护动物。经过救治,它被安全放归鄱阳湖。

事实上,同类的逸闻还在山东等许多省市的新闻报道中出现过。但如果仔细分析一下报道的内容,人们就会发现其中有一些令人费解的地方:"水怪"既然原产于南美洲,怎么能被列为我国的国家二级保护动物呢?为什么要将救治后的"水怪"放到鄱阳湖呢?

让我们先来探究一下第一个问题,第二个问题则留到本文的最后。从媒体的描述以及刊登的照片来看,我们可以确定"水怪"的确是一只海狸鼠,其正式的名称应该是獭狸*Myocastor coypus*

Molina。此外,它还被叫作草狸獭、草狸、狸獭、沼鼠、河狸鼠等,在贸易上还被称为"猪獭",是隶属于哺乳纲啮齿目海狸鼠科海狸鼠属的动物。它的自然分布区是位于南美洲的巴西南部、乌拉圭、巴拉圭、玻利维亚、秘鲁、智利、阿根廷等地。因此,它在我国属于外来物种,当然不会出现在我国的保护动物名单中。

因此,在上述的报道中有可能是将獭狸(海狸鼠)与我国的某种保护动物混淆了。在《国家重点保护野生动物名录》中,名字带有"獭""狸"的动物有两种,一个是被列为Ⅱ级重点保护野生动物的水獭,又叫獭、獭猫或水狗;另一个是被列为Ⅰ级重点保护野生动物的河狸,又叫海狸。如果对动物不是很熟悉,单从这些名字来区分它们还真是能把人绕糊涂了。

事实上,这3种动物最大的共同点就是它们都属于半水栖的动物,尤其是水性娴熟,特别善于游泳和潜水,游动时用四肢打水推动,尾巴起着舵的作用,使身体作波浪式起伏,姿态优美,游动的速度很快。不过,除了上述的这些内容外,它们之间的共同点就不太多了。

先说河狸,它的体形要比獭狸大得多,是我国体形最大的啮齿动物。它的前肢弱小,无蹼,但具有一对利爪,适于挖掘;后肢短健,强壮有力,能支持身体半

河狸　　　　　　　　　　　　　　　　　　　　水獭

獭狸的门牙

直立行走，趾间生长着宽大的蹼，适于划水游泳。身后拖着一条宽大扁平的尾巴，上面覆盖着密密麻麻的小鳞片，很像一个船舵。

为了保持生活区内水位的稳定，它常常孜孜不倦地用树枝、石块和软泥等垒成堤坝，以阻挡溪流的去路，使水流汇合成池塘，甚至成为湖泊，因此得到"水利工程建筑师"的美誉。河狸在我国仅见于新疆北部的布尔根河等水域，数量很少，已经濒临灭绝。

水獭虽然体形大小跟獭狸差不多，但形态就完全不同了。它是隶属于食肉目鼬科的动物。身体细长，呈圆筒状，吻部短而不突出，裸露的小鼻垫上缘呈"W"形。身体背部为暗褐色，腹部呈淡棕色。四肢粗短，趾爪长而稍锐利，爪较大而明显，伸出趾端，后足趾间具蹼。尾长而扁平，基部粗，至尾端渐渐变细，长度几乎超过体长的一半。水獭在我国分布的范围比较大，包括华北、华中、中南、西北、西南等地。

与獭狸、河狸两种啮齿动物最大的区别是，水獭的食物主要是

獭狸的尾巴

水中的獭狸

鱼类，它也捕捉小鸟、小兽、蛙及虾、蟹等甲壳类动物，所以常在水中追逐、狩猎。由于水獭贪食，发现鱼群后就一条接一条地捉住放在岸边，平铺在空地上，排列整齐，很像人祭祀时摆放的供品，而水獭在食物旁边观察的动作又好似人叩头的样子，所以古人就浪漫地认为它在进食之前需要"祭天"，甚至还有人更为天真地认为它是在"捕鱼惠泽，报恩苍生饥民"。早在《礼记·月令》中就有"鱼上冰，獭祭鱼"的记载，并由此产生了含义丰富的"獭祭"一词。

獭狸的体形没有河狸大，但也比田鼠、家鼠等常见的鼠类大得多。它一般体长48～55厘米，高22～23厘米，体重5～6千克。獭狸体躯短粗而圆，全身体毛主要为灰褐色，粗而长，有光泽，腹下有柔软厚密的绒毛。它的吻部有一圈白色，嘴侧生有粗硬的白色胡须。耳宽而短。眼小。四肢粗短，后肢稍长于前肢，前肢趾间无蹼，后肢除第1、2趾间无蹼外，其余的趾间均具蹼，后掌可支撑身躯站立，游泳时可作桨划行。它的外表上最令人注目的是两枚露出唇外的长长的亮橙色大门牙，以及一条被有鳞皮及稀少短毛的长尾巴。这条圆锥形的尾巴长达33厘米，如同一根圆棍子，恰与河狸、水獭扁平状的尾巴呈鲜明对照。

獭狸嗅觉较差，听觉灵敏，稍有声响，便立即潜入水中或隐

獭狸的骨骼

獭狸

海狸鼠皮帽子

蔽起来。它是群居性动物,主要在黄昏和夜晚活动,喜欢生活在各种水生植物繁茂的河沟、池塘、湖泊、溪流的岸边及沼泽地区,特别是幽静的小港湾中。在岸边利用较陡的斜坡钻洞营巢,如果遇到岸坡太浅,它便在苇丛中搭一个平台式的巢室。但是在一般状况下,它还是以穴居为主。洞穴深度多为1米以上,内铺有干净的草叶。洞口直径20～30厘米,常常是一半露在水面上,一半浸入水中。獭狸在陆地上行动较水中笨拙,奔跑时为跳跃式前进。它不仅在夏天喜欢水上生活,即使在严寒的冬天,也要下水游泳。獭狸喜爱清洁,勤于洗浴,并常梳理胡须。不过,它也有一个不讲卫生的习惯,就是一边在水中游泳,一边又在水中排便,渴了就喝被它弄脏了的水。它的食物当然不是鱼,也不像河狸那样爱啃树皮,而是以水生植物的根、茎、叶和鲜芽汁为主,也吃陆地上的植物,偶尔也吃一些河蚌等软体动物。它经常是用两前爪捧着食物进食,咀嚼细致,故进食时间较长,它有时也常将食物拖入水中进食。在水中,它可以边游泳边仰颈饮水;在地面上饮水时,像鸡饮水一样,饮水后仰起颈,身体往后退一两步。它每年换毛一次,除夏毛被略稀而欠光泽、冬毛被丰厚而光亮外,基本无太大区别。

獭狸的生殖能力很强。在自然界,它一年四季均可繁殖,每年产2～3胎,怀孕期为4个月。一次最少生1只,最多生9只,以4～5只为最常见。雌性不直接排卵,需经交配刺激后才能排出。雌性的乳头长在背部两侧。出生后的幼仔,在妈妈的哺育下,长得也很快,生长发育到4～5月龄体重就能达到2千克,很快就能跟着妈妈一起进餐,一起在水中游弋了。獭狸4～7个月达到性成熟,寿命为8～9年。

一夜走红的"神鼠"

我国进入改革开放时代,新生事物层出不穷。不过,谁也没有料到,一种外来的小动物——海狸鼠,竟冷不丁地制造出一道天大的新闻来,在神州大地卷起一股强劲的旋风。

海狸鼠是世界上较重要的毛皮动物之一。其毛皮具有浓密柔软的绒毛,保温性能好,可制成皮革和裘皮;肉是优质的高蛋白野味佳品,内脏是生物药品的主要来源。20世纪初,海狸鼠被引入北美洲和欧洲,包括美国、苏联、加拿大、英国、法国、德国以及亚洲的日本等地。1953年,我国从苏联引进海狸鼠,供观赏和特种养殖。20世纪80年代后期,我国出现了饲养海狸鼠的热潮,后来几乎遍及全国各地。但是,养殖海狸鼠的技术虽然已很成熟,养殖成熟后的销路却存在着很大的风险,如果经营不慎,不一定能给养殖者带来经济效益。20世纪90年代,海狸鼠经过了一番包装和恶炒,结果使不少养殖者被套牢,造成了席卷全国的"海狸鼠恶炒种源"事件。

"欢迎你成为本公司的顾客,本公司竭诚为你服务,并可办理海狸鼠长寿保险。如果你所饲养的海狸鼠死亡或遇不测,本公司包赔。欢迎你参加我们的事业! 包赔包换,风险几乎降到了零的极限,海狸鼠——除了人以外,你是动物界第一个享受长寿保险的主

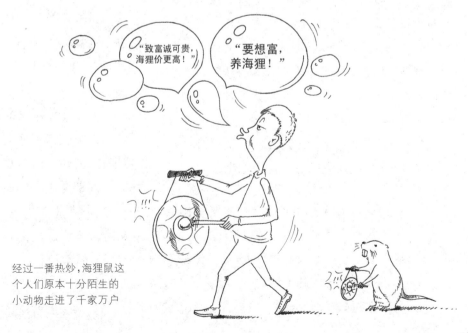

经过一番热炒,海狸鼠这个人们原本十分陌生的小动物走进了千家万户

顾！""朋友，你想快速致富吗？你想快速奔向小康吗？那么，请养海狸鼠吧！只要你投资4000元，在本公司买回一雄二雌鼠种，进行饲养繁殖，本公司负责以原价收回小鼠，快者数月就能收回全部投资……"几乎每一个海狸鼠养殖户的家里，都有一大把印有这样内容的报纸、宣传材料。经过各种媒介的一番热炒，"海狸鼠"这个人们原本十分陌生的小动物走进了千家万户。而且，它还被冠以"国家级珍稀保护动物"的头衔。

2001年4月的一天，河北省某"海狸鼠研究会"的一名骨干成员居然被200多个情绪激动的山东农民劫持，说是要向他"讨债"。原来，两年前，这家"海研会"及同他们联合的一家公司，与养殖户签订了养殖海狸鼠的合同：每对鼠交若干押金及管理费，公司承诺回收种鼠，合同期为3年。仅

防治外来物种入侵的方法

外来物种入侵的防治需要长期坚持"预防为主，综合防治"的方针，要科学、谨慎地对待外来物种的引入，同时保护好本地生态环境，减少人为干扰。在加强检疫和疫情监测的同时，把人工防治、机械防治、农业防治（生物替代法）、化学防治、生物防治等技术措施有机结合起来，控制其扩散速度，从而把其危害控制在最低水平。

人工或机械防治是适时采用人工或机械进行砍除、挖除、捕捞或捕捉等。农业防治是利用翻地等农业方法进行防治，或利用本地物种取代外来入侵物种。化学防治是用化学药剂处理，如用除草剂等杀死外来入侵植物。生物防治是通过引进病原体、昆虫等天敌来控制外来入侵物种，因其具有专一性强、持续时间长、对作物无毒副作用等优点，因此是一种最有希望的方法，越来越引起人们的重视。

山东一个县就有50多养殖户签了这样的合同。一份材料上说："致富实践使大家认识到，跟'海研会'走，是广大农民的正确选择。养殖户只要把仔鼠交给'海研会'，'海研会'负责加工、销售、科研、服务。养殖户什么都不用管""'海研会'好就好在借种饲养、还种退钱、定量收购上，收购合同一经签订，农民就等着赚钱吧。第一胎就退还

押金,这仅仅需要8个月的时间,投资回报率在300%以上。'海研会'从不打白条,合同顶事,说话算数,现金支付,很多农民发了家"。除河北、山东外,这家"研究会"还把这项业务扩展到了江苏、湖南、湖北、内蒙古、北京、天津、河南、陕西等多个省市,骗取的金额达1亿元以上。

刚开始,大多数农户并不敢贸然行事,但"海研会"大作广告,到处宣扬养殖海狸鼠的"好处",而一少部分最初与他们签合同的养殖户还真尝到了养殖的"甜头"。"海研会"正是以这种先履行部分合同,骗取人们信任的手段,诱惑更多的人钻进了他们的圈套。

君子兰

最后的结果是,辛辛苦苦的海狸鼠养殖户天天盼着有人来回收种鼠,却左等不来右等不来,手里攥着"海研会"打的白条,就再也没有得到任何音信了。合同根本未履行,并且押金分文不退,养殖户血本无归。

牡丹鹦鹉

很多农民怎么也不明白,为什么他们的宝贝海狸鼠一夜之间从每只价值百元变得一文不值。受损失的养殖户,大多是农民、下岗职工、老人、妇女、病残者。他们或者倾一生积蓄或者举债借贷,现在他们的生活更是雪上加霜。一些向亲戚借钱养海狸鼠的农户,家庭纠纷进一步暴发,甚至出现了急火攻心的家属喝农药自杀的悲剧。

事实上,"海研会"并没有固定资产,盖的楼、买的车,使用的都是养殖户的押金。海狸鼠的商品始终没有开发出来,宣传中的许诺的所谓食品加工厂、皮毛加工厂、形成了产业等全是虚假的。

"海狸鼠恶炒种源"事件只是继君子兰、牡丹鹦鹉等之后的又一个"炒种"事件,盲目跟风者当然是要失败的。这种炒种和传销、台会没什么区别,都是以圈钱为主要目地。这种游戏一直要玩到海狸鼠泛滥成灾,一文不值,怨声载道为止。其实骗子们的骗术并不算高明。如果我们的政府、专家和媒体能够大力进行科学、正面的宣传教育,提高广大农民的法律意识、风险防范意识,特别是让农民们在举债养鼠之前能够对海狸鼠的科学知识略知一二,他们就肯定不会这么轻易上当了。

灾难与机遇

"海狸鼠恶炒种源"不仅让很多农民受骗上当,还导致我国很多地方的农业生产、生态环境遭受了巨大的损失。

由于人们盲目引进饲养獭狸,大量养殖,包括南方各省也争相开发利用,但因管理方式十分落后,导致病鼠、残鼠增多,死亡率很高。特别是海狸鼠在我国南方广泛饲养后,由于肉味欠佳、毛质变差,以至于养成后无人收购加工。"海狸鼠恶炒种源"事件后,海狸鼠价格一落千丈,养殖户经济损失惨重,养殖热情直线下降。于是,养

稻田

番茄　西瓜

殖户便将剩余的海狸鼠或宰杀，或散放到池塘等野生环境放养，从而导致大量的海狸鼠聚集在野外，逐渐建群，最终成为农田、果园新的有害动物。

　　这些回到野外环境生活的獭狸，恢复了它们原有的采食、掘洞行为，开始在农田中大肆啃食稻苗、番茄、西瓜、马铃薯等庄稼、水果和蔬菜，造成了严重危害，导致农作物大量减产，被害稻苗减产可达

堤坝　公路

码头　铁路

皮革市场

25%～30%,马铃薯收获前可被其吃光造成绝收。它们还啃食果树1
米高以下的主干,如枇杷、栌柑、雪柑等,造成了一些地方的果树成片
枯死,果园损失率大大超过许多病虫害造成的损失。此外,它们的啃
食行为还对很多地方的自然植被构成了严重的威胁,进而造成生态
灾难。獭狸的掘洞行为也经常使堤岸、码头等设施和沿河公路、铁路
等遭到破坏。它们还将多种传染性疾病传染给人和家畜。

其实,獭狸是有一定经济价值的动物。因此,当非典过后,由国

黄色獭狸

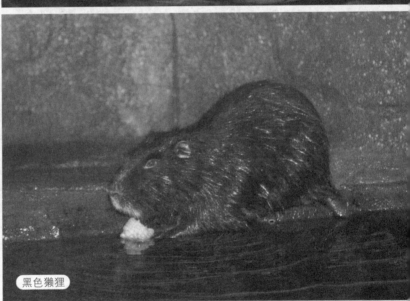
黑色獭狸

家林业局公布的国家允许经营的首批54种野生动物名单中,獭狸就位列其中。

獭狸的经济价值首先是它的毛皮,具有皮板坚韧,耐磨性强,质地厚实,针毛挺爽,保温性、沥水性和光泽性好等特点,是制作翻领毛皮大衣、航空服、皮领、皮帽、女式裘衣和皮靴的原料。獭狸的肉可供食用,在市场上有"海龙肉"之称,其肉质细嫩、味道鲜美,营养价值较高。它的内脏除了可食用外,还可供制药用。獭狸的皮下脂肪和

胡萝卜　　　　玉米　　　　大白菜

体内脂肪约占体重的18%,其理化性质与猪的脂肪十分相近,既可食用,又可作高级化妆品的原料。獭狸的爪和尾既可用来提炼蛋白胨,又可去皮食用,具有类似蹄筋的味道;獭狸的筋经科学处理制成手术缝合线用于缝合伤口,有益于伤口细胞新生和组织修复,能促进伤口的愈合,而且不用拆线;獭狸皮上的针毛可以用来做画笔的原料。此外,獭狸的粪便是养鱼肥水的上乘肥料,也可作为草鱼的食料。现在,随着对獭狸产品的深加工,已开发出一些高附加值产品。

　獭狸的人工饲养并不难,可采取圈舍式饲养或笼养,只要有窝巢、活动场、洗澡池即可。养殖场可选在地势较高、背风向阳、场地干燥、排灌方便的地方,并要求为砂质土壤,周围有一定遮阳物。獭狸的基本食物是植物性饲料,它尤其爱吃多汁的草类和水生植物,养殖

桑树的枝叶

榆树的枝叶

户可根据不同时期营养需求进行选喂。例如,草类包括多种野生青草、芦苇、水草、苜蓿、农作物青苗等;菜类包括各种青菜、大白菜、胡萝卜、甜菜、土豆、地瓜等;树枝包括榆、柳、桑、苹果等树的嫩枝,鲜活较大的树枝可供其磨牙,树皮可供其食用;谷物包括各种粮食和粮油副产品,如玉米、大豆、麦麸、米糠、花生饼、豆饼等。此外,动物性饲料,如鱼粉、蚕蛹粉、蛋黄粉、牛奶、羊奶、炼乳、奶船、鱼肝油等也可以适量添加一些。獭狸的适温性广,在 -10~40℃的温度下均能活动生长,抗病力强。

在饲养獭狸的过程中,养殖户要尊重市场规律,避免误入"恶炒种源"骗局,放弃"快速制富"的梦想;要扎紧篱笆,防止獭狸逃逸;更不能因为受到价格等因素影响而主动将它们遗弃在野外。

基于獭狸强大的破坏性,现在世界上很多国家都已将它列为严加防范的外来入侵物种。例如,獭狸是破坏韩国著名旅游景点济州岛生态环境的罪魁祸首。它在当地被称为"怪物老鼠",几乎没有天敌。獭狸是1985年被引进到韩国的,用于食品加工、毛皮生产等,后来也是由于毛皮价格持续下跌,养殖户弃养并将其放生到野外。现在,它在当地的数量急剧增加,2012年的调查结果显示,很多农场的周围都发现了獭狸的痕迹。为了防止獭狸继续在全国扩散,韩国正在以济州、釜山、庆南等地区为中心,大力推进獭狸的防控工作。

"海狸鼠恶炒种源"事件后,价格一落千丈,养殖户养殖热情下降,导致大量的海狸鼠逃逸到野外,成为农田、果园的有害动物

韩国济州岛

在美国，入侵的獭狸主要集中在美国东南部。但由于近年来冬季温暖，獭狸种群已向美国北部扩张。如果不加以控制，在未来几十年内，这种趋势可能会继续下去，这可能导致它们的活动范围扩大到密西西比河流域和东部沿海地区。因此，研究人员正在想尽办法，防止这种啮齿动物向外蔓延。

在美国路易斯安那州，獭狸每年都要泛滥一次，至今已有十多年了。獭狸泛滥的时候十分猖狂，政府只能靠一条獭狸尾巴5美元的赏金来控制它们

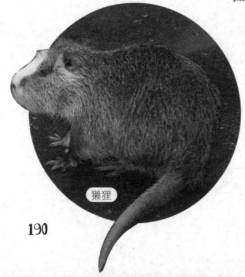
獭狸

的数量,因此每年都收到大量的獭狸尾巴,可谓"硕果累累"。

短吻鳄

为了减少獭狸对当地野生动物栖息地的干扰和破坏,美国南部有一些州,会在枪杀獭狸之后,把它们的尸体饲喂野生的短吻鳄,以便让短吻鳄逐渐养成吃獭狸肉的习惯,并进而主动攻击这些外来的入侵者。不过,这种做法受到了当地一些动物权益保护者的非议。

由于我国的地理气候比较适宜獭狸的自然繁殖,因此,有关部门应加强对獭狸人工饲养种群的发展以及它们野外扩散情况的动态监测,并及时采取有效措施限制其扩散蔓延,以减少它们对农业生产和生态环境的破坏。

至于本文开头提出的第二个问题,答案似乎已经十分明了。

（张昌盛）

深度阅读

李振宇,解焱. 2002. 中国外来入侵种. 1-211. 中国林业出版社.

徐正浩,陈再廖. 2011. 浙江入侵生物及防治. 1-353. 浙江大学出版社.

徐海根,强胜. 2011. 中国外来入侵生物. 1-684. 科学出版社.

摄影者

李湘涛　杨红珍　李　竹　徐景先　黄满荣

杨　静　倪永明　张昌盛　毕海燕　夏晓飞

殷学波　王　莹　韩蒙燕　刘海明　刘　昭

刘全儒　黄珍友　张桂芬　张词祖　张　斌

梁智生　黄焕华　黄国华　王国全　王竹红

黄罗卿　杜　洋　王源超　叶文武　王　旭

杨　钤　蔡瑞娜　刘小侠　徐　进　杨　青

李秀玲　徐晔春　华国军　赵良成　谢　磊

王　辰　丁　凡　周忠实　刘　彪　年　磊

于　雷　赵　琦　庄晓颇